智慧系统导论

张国义　著

华中科技大学出版社

中国·武汉

内 容 简 介

  如何站在全局的角度认知智慧系统,是全体智慧城市及其他智慧系统从业人员面临的首要课题。本书沿着"网络实现、系统实现、智慧实现"的思路,对智慧系统的概念与构成进行了全面阐述;以 IGnet 智慧系统通信协议为例,对智慧系统的实现和应用进行了系统分析。本书可以帮助我们了解智慧系统的发展脉络、学习智慧系统的基础知识、掌握智慧系统的基本特征、运用智慧系统的基本原理、研究智慧系统的共性方法,将有助于我们在进行各类智慧系统的建设时,更好地开展战略规划、立项决策、顶层设计、功能定位、建设管理、应用推广、升级扩建、全生命周期运行维护等各项工作。

  本书可作为专业人员特别是城市数字化领域规划与决策人员的参考读物,也可以作为在校学生的阅读材料。

图书在版编目(CIP)数据

智慧系统导论/张国义著.—武汉:华中科技大学出版社,2021.9
ISBN 978-7-5680-7491-9

Ⅰ.①智… Ⅱ.①张… Ⅲ.①数字技术-应用-城市建设-研究 Ⅳ.①TU984

中国版本图书馆 CIP 数据核字(2021)第 177498 号.

智慧系统导论
Zhihui Xitong Daolun

张国义 著

策划编辑:彭 斌 范 莹
责任编辑:余 涛
装帧设计:原色设计
责任监印:周治超
出版发行:华中科技大学出版社(中国·武汉) 电话:(027)81321913
     武汉市东湖新技术开发区华工科技园 邮编:430223
录 排:武汉市洪山区佳年华文印部
印 刷:武汉科源印刷设计有限公司
开 本:710mm×1000mm 1/16
印 张:14.75
字 数:243千字
版 次:2021 年 9 月第 1 版第 1 次印刷
定 价:68.00 元

# 序言

自从 2008 年 IBM 提出了"智慧地球"的概念后，世界上已有上百个国家进行了相关的试点和实践。以 2012 年"国家智慧城市试点工作"启动为标志，我国迅速进入智慧城市规划和建设的高潮期。在政府层面，住房和城乡建设部等联合批复的国家智慧城市试点已达到 290 个，在数量上远超过"国际化大都市""生态城市""创新城市""宜居城市""文化城市"等城市建设目标。但与此同时，一些结构性矛盾和问题也逐渐抬头：在智慧城市和城市建设之间，是信息化基础设施与城市建设其他板块和功能脱节，耗资巨大的智慧城市项目对城市的贡献度不高；在智慧城市内部，主要是部门各自为战及企业多头并进，如同外表华丽但并不宜居的大都市，"成本很高，获得感很差"。在智慧产业技术系统，缺乏兼容物联网、云计算、互联网、大数据和 3S 等关键技术的主平台，"局部亮点很多，整体乏善可陈"。在信息公共服务领域，一些工程成为"中看不中用"的摆设。针对这些问题和矛盾，2014 年 8 月 27 日，国家发改委、工信部等八部委联合印发《关于促进智慧城市健康发展的指导意见》，既是对我国智慧城市建设现状的"委婉"批评，也是新的战略部署和要求。

尽管具体的原因会有很多，但缺乏基础理论支撑是深层次和根本性的。在基本内涵不确定、评价体系不健全、发展定位不明确、战略框架和路径"稀里糊涂"的背景下，匆匆上马的各种"发展规划"和"建设项目"，不可能真正实现使城市运营管理和生产生活生态"智慧化"的初衷。由此直接导致了两方面的问题：一是主观上"建不建"的"信心问题"。在近年来的快速扩张中，城市信息基础设施投资逐年增大、信息技术研发成果层出不穷、智慧产业公司遍地开花，但却没有使城市运转"智慧"起来，"需要的没有，不需要的太多"，正成为信息服务和消费的普遍现象与突出问题。二是客观上"如何建"的"战略问题"。在信息化 3.0 和"互联网＋"的背景下，很多城市也都铺开架势准备大干一场。

但新一轮智慧城市建设并不是一张白纸，而是由于"粗放规划和建设"遗留的各种"半截子工程"和"烂尾楼项目"。要真正落实国家近年来一再提出的"推进智慧城市建设"，就必须花大力气来补"基础理论课"，即必须首先弄清楚智慧城市的概念、内涵、标准、模式和路径，为我国智慧城市的规划建设提供必要的理论工具、分类框架与战略原则，有效制约各种非理性和急功近利的开发建设行为，为智慧城市的健康发展奠定科学的理论基础和价值立场。

基于以上这些经验和思考，我们团队近年来一直提倡"智慧城市规划建设，基础理论研究先行"。但在以"烧钱"和"圈钱"为主要特征的智慧城市领域，毋庸讳言，我们的声音和身影也总是显得比较孤独和孤单。正是由于这个原因，在先睹了张国义先生的大著《智慧系统导论》，特别是看到其中这样两段文字："如果城市里留下一条断头路、一栋烂尾楼，相信具有一般视力的人都能看得到。但在智慧城市这样的专业领域里，各地留下了很多'断头路'、很多'烂尾楼'，甚至是完全的'垃圾'，大多数人却看不到它们。因为我们想发现它们，得有一定的专业知识，还得有一定的辨别力和社会责任感。""还有一个很想指出的、非常遗憾的现实，是中国虽然经历了全球史无前例的城市建设高潮，却没能孕育出具有基础知识产权的智慧城市产业，与形成了良好知识产权局面的电力行业、交通行业相比，几乎可以说是浪费了这样一个百年不遇的发展良机"。这不由在我内心深处激发出强烈的认同感。通过他的这本书，我欣喜地看到，以工科为学术背景、曾在通信及智能化领域工作多年、近年来以智慧城市为主攻方向的张国义先生，从自然科学和产业技术出发，和我们从人文科学和战略规划的角度出发所进行的智慧城市探索不谋而合、殊途同归。我们最大的交集就是"必须把智慧城市建设作为城市的重要基础设施来建设，只有好的'基础设施'，才能推进智慧城市健康发展"。

再进一步说，我们团队从城市科学出发去建构智慧城市的基础理论系统，与张国义团队从建设智慧城市出发去关注智慧城市的基础理论系统，这两者还有着很深刻的互补性和内在的协同性。如我把"智慧城市"划分为以"真—自然科学—物质生产—科技智慧—物质文明"为基本架构的"科技型智慧城市"；以"善—社会科学—人自身的生产—管理智慧—制度文明"为基本架构的"管理型智慧城市"；以"美—人文科学—精神生产—人文智慧-精神文明"为基本架构的"人文型智慧城市"，它们共同构成了智慧城市的"系统设置"。一个理想的智慧城市，必然基于科技型、管理型和人文型的包容发展"原理"。张国义提出："智慧系统的基本工作原理就是以数字化为基础、以数据建设为手段、采用不同的数学算法实现不同的智慧化应用功能。虽然智慧系统技术还不成熟，新概念、新器件、新算法、新思维还处在一个日新月异的发展过程之中，但是,我们了解智慧系统的发展脉络,学习智慧系统的基础知识,掌握智慧系统的基本特征,运用智慧系统的基本原理,研究探讨建设智慧系统的共性思考方法,将有助于我们进行各类智慧系统的建设时,更好地开展战略规划、立项决策、顶层设计、功能定位、建设管理、应用推广、升级扩建、全生命周期运行维护等各项工作"。又如,我们在顶层设计上提出的"以智慧科技为重要基础、以智慧管理为主体形态、以智慧文化为理想目标的战略定位和基本思路",与他"沿着'网络实现、系统实现、智慧实现'的思路,对智慧系统所依托的基础知识和智慧系统自身所具有的特点做了较为系统全面的阐述"的探索,也是可以深度对话和相互补充的。

最后,我对张国义先生大作的出版表示由衷的祝贺,希望我们智慧城市的管理者、规划者、建设者乃至普通市民都能知道本书,更多地了解本书,希望本书对我国新型智慧城市建设、城市治理现代化发挥出应有的作用。是为序。

上海交通大学城市科学研究院院长、首席专家、教授、博士生导师
上海数字化城市与交通研究所所长

刘士林

2021 年 5 月 3 日于沪上

前言

数字世界离我们很近还是很远？

我们每天都在使用互联网和智能手机做各种各样的事情，直觉上我们距离数字世界很近很近。但是，当新冠疫情来临的时候，我们需要口罩的金属边条，却不知道足够的货源在哪里，只能靠群发短信来收集信息；一个小区里到底住了多少人，进出情况如何，只能靠人工一遍一遍排查；由于信息不能共享，街道和居委会工作人员要填十多套表格以便让上级各部门了解情况；为了防止私家车擅自出门，有的城市管理人员甚至采用最原始的方法，在小区门口堆上一个大土堆。还有，近几年发生的化工仓库大爆炸、油气管道爆裂冲毁路面等事故，管理人员事前却无法获取应有的预警信息。这一切又让我们觉得那种能够给我们带来高度便利、高度安全的数字世界其实距离我们还很远很远。

数字技术是智慧系统的基础支撑，而智慧系统才能使数字世界真正发挥作用。我们对智慧系统以及作为它的基础支撑的数字技术到底有多少了解？出于本职工作，笔者曾经面试过数千学生；面试的时候，总是准备了两道经典的知识题：

（1）请描述一下模拟信号与数字信号的区别；

（2）请解释一下发送电子邮件和 QQ 聊天的基本工作原理。

面试的学生基本都是电类相关专业的，其中不乏"211"及"985"高校毕业的学生，让人不解的是，能够把两道题讲解清楚的学生极少。这说明，即便是有相关背景的专业人员，对数字世界的了解也是非常有限的。这件事情是让笔者产生著述这本书的念头的直接动因，只是忙于日常工作，迟迟不能动笔，因此成了一个难以实现的夙愿。这次新冠疫情意外地带来了整块的居家时间,历经一年有余终于成书,也算是一件备感欣慰之事。

中国各地开展智慧城市建设有十余年的时间了,取得了很多成果,也留下了很多问题。成果大家应该都感受到了,如智慧医疗、智慧交通、一网通办。但是,留下的问题却是大多数人都看不到的。如果城市里留下一条断头路、一栋烂尾楼,相信具有一般视力的人都能看得到。但在智慧城市这样的专业领域里,各地留下了很多"断头路"、很多"烂尾楼",甚至是完全的"垃圾",大多数人却看不到它们。因为我们想发现它们,得有一定的专业知识,还得有一定的辨别力和社会责任感。如何少留下这样的"断头路"和"烂尾楼"?如何不让建设成果三五年就成了无用的"垃圾"?作为智慧城市、智慧工业、智慧乡村的从业人员尤其是主政一方的领导,都应该对智慧系统和数字技术有一个较为全面的了解,无论是从技术概念到建设理念,还是从系统性质到演变规律,都需要有一定程度的认知和把控。

2018年和2019年中国国际进口博览会开幕期间,习近平同志两次在上海考察时都强调:"城市治理是国家治理体系和治理能力现代化的重要内容","要善于运用现代科技手段实现智能化"。要抓好"政务服务一网通办""城市运行一网统管"这些"牛鼻子"工作,"探索建立可持续的运作机制"。搞好城市治理,关键要坚持从群众需求和城市治理突出问题出发,把分散式信息系统整合起来,做到实战中管用、基层干部爱用、群众感到受用。习近平同志的这些提法,说明国家领导人也已经充分认识到各地智慧城市中存在的问题,把"能用"作为"要善于运用现代科技手段实现智能化"的最基本的要求,然后找到可持续的运作机制;说明过去做的许多工作在实战中还不够管用、基层干部还不够爱用、群众还没有充分感到受用,许多智慧城市工程是花架子工程、面子工程,无法持续发展。"政务服务一网通办"把宗旨确定为"高效办理一件事","城市运行一网统管"把宗旨确定为"高效处置一件事",并且把"应用为要、管用为王"确定为基本工作原则,从指导思想上杜绝了好高骛远,而是要求脚踏实地解决问题。应该说,这一变化,是智慧城市建设史上一个历史性的转折点。

智慧城市所追求的主要目标,第一是提供城市高效运转的可能性,节约有限的城市资源;第二是创造高效的资源配给机制和技术手段,让自然资源和社会资源都能及时地到达有需求的人手中,让市民生活得安心,有幸福感。然而,现实与这个目标的距离还非常遥远。在智慧城市建设过程中出现这么多问题,存在着诸多原因。第一,智慧城市目前在世界各国仍然属于新兴研究领域,能够指导实际工程建设的技术标准和技术规范十分缺乏或滞后;第二,欠缺能够承担智慧城市顶层设计的合格专家团队。我国当前参与智慧城市建设的多数专家在知识领域方面存在"专业有余、综合不足"的情形,难以满足智慧城市建设复杂性、系统性和全面性的需要。相应的专家除具有技术专业知识外,更需要大量社会专业知识,才能够具有高水平的综合能力;第三,主政一方的领导以及各层级智慧城市建设的决策人员同样需要高水平的综合能力,既需要对城市的发展战略、发展规律有深刻认识,又需要对技术概念及特点有本质上的理解和方向性的把握,需要对技术在城市运行过程中发挥的作用了然于心;第四,政府条块分割管理的机制是一个很大的制约因素。智慧城市的建设必须突破框框,以上述的两大目标为目的,为了"高效",让技术优势重塑政府管理机制。

还有一个很想指出而又非常遗憾的现实,即中国虽然经历了全球史无前例的城市建设高潮,却没能孕育出具有基础知识产权的智慧城市产业,与形成了良好知识产权局面的电力行业、交通行业相比,几乎可以说是浪费了这样一个百年不遇的发展良机。这不能不说是政府产业决策层面的一大决策失误。希望能够在中国将来的发展中,尽早补上这一课。

从智慧家庭到智慧社区,从智慧医疗到智慧教育,从智慧建筑到智慧城市,从智慧工厂到智慧乡村,以及新近开展的一网统管和城市数字化全面转型工作,所有这一切的应用都是智慧系统不同的表现形式,是千差万别的应用需求形成了类型各异的应用表现。智慧系统的基本工作原理就是以数字化为基础、以数据建设为手段,采用不同的数学算法实现不同的智慧化应用功能。虽然智慧系统技术还不成熟,新概念、新器件、新算法、新思维还处在一个日新月异的发展过程之中,但是,了解智慧系统的发展脉络,学习智慧系统的基础知识,掌握智慧系统的基本特征,运用智慧系统的基本原理,研究探讨建设智慧系统的共性思考方法,将有助于我们在进行各类智慧系统的建设时,更好地开展战略规划、立项决策、顶层设计、功能定位、建设管理、应用推广、升级扩建、全生命周期运行维护等各项工作。

本书基于以上初衷,从三个"实现角度"进行了体系编排。这三个"实现角度"分别是:网络实现角度、系统实现角度、智慧实现角度。第1章"从个体到网络,人类社会发展的自然进程"阐述了网络形成的必然性以及对社会发展的重要意义;第2章"从自动化到智慧化,科技与社会相融共生"阐述了人类活动从完全依靠人力到机械化、自动化、智能化、数字化、信息化、智慧化的历程以及相关概念的含义;第3章"从终端到系统,用全局思维看待系统工程"阐述了系统论的哲学意义以及系统工程理论对智慧系统建设与应用全生命周期的指导意义;第4章"复杂的网络技术,是智慧系统的基本支撑"阐述了构成复杂网络的复杂技术以及这些技术的特征和演变趋势;第5章"通信协议是系统的灵魂,关系着国计民生"阐述了通信协议对网络至关重要的作用,以及研发自主知识产权通信协议对国计民生的重大战略意义;第 6 章"智慧地球与智慧城市,需要依托智慧系统"阐述了"智慧地球"和由此关联出的"智慧城市"概念,以及值得我们深度关注的"智慧系统"概念和"智慧系统十大特征";第 7 章"IGnet 通信协议,有价值的智慧系统技术实践"通过一个实例阐述了解决"信息孤岛"遍布问题的紧迫性以及能够解决实际工程问题通信协议重要的现实意义;第 8 章"IGnet 通信协议技术路线,开放、绿色与兼容"阐述了该协议的开放性与兼容性等主要特征,以及实现技术路线所依托的普适计算技术、泛在网技术和物联网技术;第 9 章"立足共性,IGnet 通信协议能够多领域应用"阐述了在智慧建筑、智慧工业、智慧城市、智慧乡村等领域可能的有价值的应用举例;第 10 章"万物互联,万网互通,才能走向智慧系统"阐述了实现万物互联与万网互通的关键环节以及对智慧系统实现的关键作用;第 11 章"可生长的智慧系统,是必需的系统生命特征"阐述了城市与技术的生命特征以及相互交互形成可生长智慧系统的必要性;第 12 章"智慧系统顶层设计,是必要的一把手工程"阐述了顶层设计作为一种现代工程方法的科学性、作为一把手工程的必要性以及从价值维度进行顶层设计的重要意义。

以上章节内容,沿着"网络实现、系统实现、智慧实现"的思路,对智慧系统所依托的基础知识和智慧系统自身所具有的特点做了较为系统全面的阐述。深切期待这些内容能够为各方面人士,特别是城市数字化领域的规划与决策人员思考问题有所裨益,能够为在校学生拓展知识面、形成整体概念提供帮助,能够为专业技术人员建立系统性、全面性思维增加思路。

特别感谢百忙之中为本书作序的上海交通大学城市科学研究院院长、首席专家刘士林先生,士林教授兼任上海数字化城市与交通研究所所长,曾任国家"十三五"规划专家委员会委员,工作交流中笔者多有受益。

感谢校对文稿的张逸凡、王灵雨、陈良、王攀峰等,感谢提供资料的魏路、郭云昌等,感谢参与本书制图的梅百亭,感谢本书写作过程中给予关心和支持的家人和各位朋友。

由于个人水平所限,不足之处在所难免,恳请读者批评指正,以便再版时补充完善。

张国义

2021 年 5 月 16 日于上海

目录

第1章　从个体到网络,人类社会发展的自然进程 ················· （1）

1.1　从个人到团体——相互联络是人的自然需求 ············ （1）

1.2　从驿站到电话——联络需求推动科技进步 ············ （2）

1.2.1　驿站的历史性作用 ··············· （2）

1.2.2　电报的发明 ··············· （3）

1.2.3　电话的出现 ··············· （3）

1.3　网络无处不在 ··············· （4）

1.4　网络的定义,一脉相承 ··············· （5）

1.4.1　数学定义 ··············· （5）

1.4.2　物理学定义 ··············· （6）

1.4.3　电学定义 ··············· （6）

1.4.4　计算机网络定义 ··············· （6）

1.5　从互联网的诞生看网络的功用 ··············· （7）

1.5.1　电子计算机的发明与互联 ··············· （7）

1.5.2　互联网的诞生 ··············· （7）

1.5.3　互联网的发展 ··············· （8）

1.5.4　网络的功用 ··············· （8）

1.6　从物联网的诞生看网络的融合 ··············· （9）

1.6.1　网络新概念 ··············· （10）

1.6.2　物联网借力既有网络 ··············· （10）

1.6.3　网络的融合意义重大 ··············· （10）

第2章　从自动化到智慧化,科技与社会相融共生 ················ (12)

　2.1　自动化,社会现代化的前奏 ························ (12)

　　2.1.1　自动装置 ···························· (13)

　　2.1.2　控制理论与自动化发展进程 ··············· (13)

　　2.1.3　自动化的发展趋势 ····················· (14)

　2.2　智能化,自动化发展的方向 ···················· (15)

　2.3　数字化,信息化建设的基础 ···················· (16)

　　2.3.1　模拟信号与数字信号 ··················· (16)

　　2.3.2　数字化的实现 ······················· (17)

　　2.3.3　数字化的意义 ······················· (17)

　2.4　信息化,现代社会的转型之路 ·················· (17)

　　2.4.1　信息 ····························· (17)

　　2.4.2　信息论 ··························· (18)

　　2.4.3　信息化 ·························· (19)

　2.5　智慧化,自动化的终极追求 ···················· (20)

　　2.5.1　什么是智慧化 ······················· (20)

　　2.5.2　"智慧"与"智能"不同 ················· (21)

　　2.5.3　智慧化的期待 ······················· (21)

　2.6　人工智能,智慧化的起跑线 ···················· (21)

　　2.6.1　人工智能到底是什么 ··················· (22)

　　2.6.2　人工智能不是一个新概念 ··············· (22)

　　2.6.3　人工智能发展的两大技术路线 ············· (23)

　　2.6.4　弱人工智能和强人工智能 ··············· (24)

　　2.6.5　人工智能是智慧化的初级阶段 ············· (25)

第3章　从终端到系统,用全局思维看待系统工程 ·········· (27)

　3.1　系统是什么 ·························· (27)

　3.2　系统的分类 ·························· (29)

　3.3　系统的基本特征 ························ (29)

　3.4　系统论 ···························· (30)

　　3.4.1　系统论的核心思想 ···················· (30)

　　3.4.2　系统论的基本思想方法 ················· (30)

　　3.4.3　系统论的任务 ······················ (31)

    3.4.4　系统论的发展趋势 ······················· (32)

    3.4.5　系统论出现的意义 ······················· (33)

  3.5　系统工程 ·································· (33)

第4章　复杂的网络技术,是智慧系统的基本支撑 ········ (36)

  4.1　拓扑结构,网络的架构 ······················· (36)

    4.1.1　什么是拓扑结构 ························· (36)

    4.1.2　基本型拓扑结构 ························· (37)

    4.1.3　衍生型拓扑结构 ························· (38)

  4.2　传输介质,网络的车马道 ····················· (39)

    4.2.1　传导型介质 ···························· (39)

    4.2.2　辐射型介质 ···························· (40)

  4.3　通信技术,网络的运输队 ····················· (41)

    4.3.1　通信技术,大体系的学科 ··············· (41)

    4.3.2　通信技术的三个发展阶段 ··············· (44)

    4.3.3　通信技术的四大发展方向 ··············· (44)

    4.3.4　通信保密技术 ························· (45)

  4.4　多媒体通信技术,通信技术综合化发展方向的体现 ······ (46)

    4.4.1　媒体、多媒体与超媒体 ················· (47)

    4.4.2　多媒体通信的特征 ····················· (47)

    4.4.3　多媒体通信的关键技术 ················· (48)

  4.5　移动通信技术,个人化通信发展的主要支撑 ·········· (49)

    4.5.1　第一代移动通信技术(1G),"大哥大"横行天下 ···· (49)

    4.5.2　第二代移动通信技术(2G),GSM让诺基亚崛起 ······ (50)

    4.5.3　第三代移动通信技术(3G),移动多媒体到来 ······· (50)

    4.5.4　第四代移动通信技术(4G),开启移动互联网时代 ···· (51)

    4.5.5　第五代移动通信技术(5G),万物互联新天地 ······· (51)

  4.6　互联网技术 ······························· (53)

    4.6.1　互联技术 ······························ (53)

    4.6.2　IP地址的设置与分配 ··················· (54)

    4.6.3　寻址技术 ······························ (55)

    4.6.4　网络交换技术 ························· (58)

    4.6.5　接入网技术 ···························· (61)

4.6.6　网络安全技术 ································ (63)

4.6.7　区块链技术 ································ (66)

第5章　通信协议是系统的灵魂,关系着国计民生 ········· (74)

5.1　什么是通信协议 ································ (74)

5.1.1　通信协议的定义 ································ (75)

5.1.2　通信协议的形式化技术 ······················ (75)

5.1.3　网络通信协议 ································ (75)

5.2　互联网通信协议 ································ (76)

5.2.1　OSI 参考模型和 TCP/IP 模型 ·············· (76)

5.2.2　TCP/IP 协议 ································ (78)

5.2.3　TCP ······································· (78)

5.2.4　IP ··· (79)

5.2.5　其他互联网通信协议 ······················ (83)

5.3　物联网通信协议 ································ (85)

5.3.1　MQTT 协议 ································ (86)

5.3.2　LoRa 协议 ································ (87)

5.3.3　NB-IoT 协议 ································ (88)

5.4　工业控制网络通信协议 ························ (89)

5.4.1　现场总线协议 ································ (90)

5.4.2　工业以太网协议 ································ (91)

5.5　智能建筑系统通信协议 ························ (94)

5.5.1　HBES(KNX/EIB) ························ (95)

5.5.2　BACnet ································· (97)

第6章　智慧地球与智慧城市,需要依托智慧系统 ········· (99)

6.1　智慧地球 ································ (100)

6.2　智慧城市 ································ (101)

6.3　智慧城市群 ································ (102)

6.4　新型智慧城市 ································ (103)

6.4.1　新型智慧城市数据建设 ····················· (104)

6.4.2　新型智慧城市数据应用 ····················· (104)

6.4.3　新型智慧城市数据安全 ····················· (105)

6.5　智慧系统 ································ (106)

6.5.1 智慧系统的定义 ……………………………………………… (106)

6.5.2 智慧系统的十大特征 ………………………………………… (107)

6.5.3 智慧系统的实现 ……………………………………………… (109)

第7章 IGnet 通信协议,有价值的智慧系统技术实践 …………… (110)

7.1 IGnet 通信协议提出的背景 …………………………………… (110)

7.1.1 中国智慧城市发展的迷雾 …………………………………… (111)

7.1.2 中国智能建筑发展的困窘 …………………………………… (113)

7.1.3 IBMS 的贡献与局限性 ……………………………………… (114)

7.1.4 互联互通的瓶颈突显 ………………………………………… (115)

7.1.5 僵化系统,不能生长 ………………………………………… (115)

7.1.6 时代发展召唤智慧型系统 …………………………………… (116)

7.2 IGnet 通信协议研发概述 ……………………………………… (117)

7.3 IGnet 通信协议基本工作原则 ………………………………… (117)

第8章 IGnet 通信协议技术路线,开放、绿色与兼容 …………… (119)

8.1 IGnet 协议特征 ………………………………………………… (119)

8.1.1 一体化与冗余性 ……………………………………………… (119)

8.1.2 数据格式的统一性与灵活性 ………………………………… (120)

8.1.3 应用的便利性 ………………………………………………… (120)

8.1.4 网络结构的开放性与兼容性 ………………………………… (120)

8.1.5 数据传输的安全性与可靠性 ………………………………… (120)

8.1.6 诊断信息及可追溯性 ………………………………………… (121)

8.2 IGnet 协议描述 ………………………………………………… (121)

8.2.1 IGnet 协议系统架构 ………………………………………… (121)

8.2.2 IGnet 基础协议结构模型 …………………………………… (121)

8.2.3 IGnet 网络远程应用 ………………………………………… (124)

8.2.4 系统操作、配置和维护 ……………………………………… (124)

8.3 IGnet 协议技术路线分析 ……………………………………… (125)

8.3.1 充分利用成熟技术 …………………………………………… (125)

8.3.2 以分布式组网技术为基础 …………………………………… (125)

8.3.3 不同层级网络,采用统一灵活的数据格式 ………………… (126)

8.3.4 合理采用必需的新兴技术 …………………………………… (126)

8.4 基于普适计算技术 ……………………………………………… (126)

8.4.1 泛在计算 …………………………………………………… (127)

8.4.2 设备本体计算技术 …………………………………… (127)

8.4.3 边缘计算技术 ……………………………………………… (128)

8.4.4 云计算技术 ………………………………………………… (128)

8.5 基于泛在网的构想 ……………………………………………… (129)

8.5.1 泛在网的意义 ……………………………………………… (129)

8.5.2 泛在网的定义 ……………………………………………… (130)

8.5.3 泛在网的组成 ……………………………………………… (130)

8.5.4 泛在网的关键技术 ………………………………………… (133)

8.6 基于物联网的支撑 ……………………………………………… (135)

8.6.1 物联网概念诞生的背景 …………………………………… (135)

8.6.2 物联网的定义 ……………………………………………… (136)

8.6.3 物联网的基本特征 ………………………………………… (137)

8.6.4 物联网、传感网与泛在网三者关系 ……………………… (137)

8.6.5 物联网的关联概念:M2M 和 CPS ……………………… (137)

8.6.6 物联网的体系架构 ………………………………………… (138)

8.6.7 物联网的关键技术 ………………………………………… (140)

8.6.8 传感器网短距离通信技术 ………………………………… (141)

第9章 立足共性,IGnet 通信协议能够多领域应用 …………… (143)

9.1 智慧建筑 ………………………………………………………… (145)

9.2 智慧工业 ………………………………………………………… (146)

9.3 智慧城市 ………………………………………………………… (147)

9.4 智慧乡村 ………………………………………………………… (149)

第10章 万物互联,万网互通,才能走向智慧系统 ……………… (151)

10.1 万物互联是基础 ……………………………………………… (151)

10.1.1 万物互联 ………………………………………………… (151)

10.1.2 从 IOT 到 IOE,困难知多少 ………………………… (152)

10.2 物联网标准建设,任重而道远 ……………………………… (155)

10.2.1 物联网标准体系的复杂性 ……………………………… (155)

10.2.2 标准化组织在行动 ……………………………………… (155)

10.2.3 挖掘物联网的共性需求 ………………………………… (157)

10.3 万网互通是关键 ……………………………………………… (159)

10.3.1 异构网络环境的形成 …………………………………… (159)

　　　10.3.2　多网合一与多网综合 ················· (160)

　　　10.3.3　异构网络融合 ····················· (161)

　　10.4　网络融合是万网互通的正途 ·············· (161)

　　　10.4.1　网络融合的技术研究 ··············· (162)

　　　10.4.2　网络融合的政策支持 ··············· (165)

　　　10.4.3　网络融合的商业模式 ··············· (166)

　　10.5　互联互通是通向智慧系统的金钥匙 ········· (167)

第 11 章　可生长的智慧系统,是必需的系统生命特征 ······ (168)

　　11.1　城市有生命,城市在生长 ··············· (168)

　　11.2　城市生长在有序与无序之间 ············· (169)

　　11.3　技术生长很疯狂 ····················· (170)

　　11.4　技术生长的无序性与有序性 ············· (172)

　　11.5　可生长的智慧系统 ··················· (173)

第 12 章　智慧系统顶层设计,是必要的一把手工程 ······ (174)

　　12.1　顶层设计是最重要的环节 ··············· (174)

　　12.2　顶层设计做什么事情 ················· (175)

　　　12.2.1　顶层设计是什么 ················· (175)

　　　12.2.2　顶层设计和战略规划不同 ··········· (176)

　　　12.2.3　顶层设计的工作内容 ··············· (176)

　　12.3　顶层设计与标准化 ··················· (177)

　　12.4　顶层设计问题面面观 ················· (179)

　　12.5　顶层设计是一把手工程 ··············· (181)

　　　12.5.1　一把手负责顶层设计的必要性 ········· (181)

　　　12.5.2　智慧城市的"八大目标"和"八一原则" ····· (181)

　　　12.5.3　多级顶层设计,多级一把手负责 ········· (182)

　　12.6　顶层设计的有序与无序 ··············· (182)

　　12.7　顶层设计的多维度思维 ··············· (185)

　　　12.7.1　顶层设计的技术维度思维 ··········· (185)

　　　12.7.2　顶层设计的系统维度思维 ··········· (186)

　　　12.7.3　顶层设计的价值维度思维 ··········· (187)

参考文献 ······························· (190)

后记 ································· (207)

第1章 从个体到网络，人类社会发展的自然进程

● 本章导读 ●

　　智慧系统从根本上需要依托网络，网络的形成是人与人之间的自然需求。从生存的需要到安全的考虑，从物质互换的要求到精神交流的渴望，技术的发展让这些需求变成了互联网和物联网。互联网史无前例地提高了人们交流的效率、拓宽了人们交往的范围，物联网是基于互联网和其他既有网络形成的物与物互联的网络，为社会发展带来无穷的想象，但物联网自身的发展取决于网络融合的推进力度。

　　我们每个人都生活在社会中，同时也生活在网络中。社会的发展是网络形成的基础和条件，网络的产生是社会发展的需要和结果。

1.1　从个人到团体——相互联络是人的自然需求

　　历史学家根据社会经济制度的不同特征，将人类社会分为若干阶段——原始社会、奴隶制社会、封建制社会、资本主义社会、社会主义社会等，不管是哪种社会经济形态，人类的发展都是通过社会这一基本形式在进行，而社会是由许许多多大小不一的团体所组成。人类进化的早期，和许多个体弱小而群居的动物一样，为了生存也必须选择群居，形成一个团体才能增大存活下去的希望。随着人口数量的不断增多和与大自然的斗争中不断取得胜利，人类内部的争斗开始多了起来，这样又需要形成新的团体，以应付人类内部的斗争，来保证个体所在的团体能够生存下去。这些团体可以是一个国家，也可以是一个国家的组成部分，或者是国家间的联合体。

　　人与人之间通过相互联络组成团体，既是生存的需要，也是自然的需求。

古希腊思想家亚里士多德在《政治学》中认为,人类共同体的历史就是从配偶到家庭、再从家庭到村落、最后从村落到城邦的自然演化。虽然后来的历史证明,亚里士多德将城邦视作人类发展的终点并不正确,但国家乃至超国家人类团体的出现,恰恰进一步印证了亚里士多德的核心观点:"人类生来就有合群的性情",相互联络是人的自然需求。

1.2 从驿站到电话——联络需求推动科技进步

在当代社会,人与人之间相互联络主要通过移动电话和互联网。而在人类的发展历史上,更多的时间内,是依靠书信来往。"家书抵万金",说明书信来往在人类生活中一直起着非常重要的作用。在古代设有驿站,专门有人骑马送信。

1.2.1 驿站的历史性作用

古代的大陆交通,主要靠的是驿站组织,它的重要性好比今日的铁道交通。随着车骑交通工具的发达,中国到春秋以后就开始有了驿站的设置,直到明清,驿站仍然是主要的信息传递枢纽,如图 1.1 所示。军事情报的传递和官府文书的送达,都要依靠驿站来提供食宿和其他后勤保障,以维持中央与地方之间的联络。毫无疑问,驿站对社会历史的推进曾承担着重大的使命。

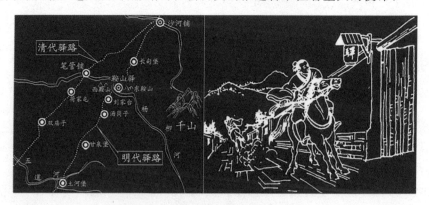

图 1.1 中国古代的驿路和驿站

中国的驿站制度在世界上是最古老也是最完备的,中国也是最早建立信息传递组织的国家之一。然而,到了近现代,中国的科技大幅度落后于发达国家,我们使用的通信手段基本上都是由西方人发明的。

1.2.2　电报的发明

在电报发明以前，长距离通信除了驿送之外，还有信鸽、烽烟等方式。但不管哪种方式都需要接力将信息送到远距离的目的地，成本高昂，只有最重要的消息才会被传送，而且以现在的眼光来看，传送速度之缓慢令人难以忍受。

电报作为通信手段，虽然现在已经很少使用，但是，电报的发明是人类信息传递历史上的一次真正的革命，如图 1.2 所示。通过对无线电通信和电报应用的深入研究，电磁波开始成为最主要的信息载体。

图 1.2　电报机和电报业务

电报发明于 1837 年，在这一年，威廉·库克(William Cooke)、查尔斯·惠斯通(Charles Wheastone)两人在英国取得专利，萨缪尔·莫尔斯(Samuel Finley Breese Morse)在美国取得专利。

萨缪尔·莫尔斯研究出了一套方法，对数字和字母进行编码，这样可以很方便地拍发电报，这种编码称为莫尔斯电码。1844 年，他成功拍发了历史上第一份电报。在此之后，电报便逐步风行全球。

但是，有线电报毕竟建设成本高昂，实现起来困难巨大。意大利人马可尼(Guglielmo Marconi)和德国人布劳恩(Karl Braun)进行的无线方式的电报试验于 1895 年取得成功，并于 1899 年在法国和英国之间成功进行传送，横跨大西洋的无线电通信于 1902 年得以实现。

中国的电报业务出现在 18 世纪 70 年代。丹麦大北电报公司、英商大东电报公司分别于 1871 年和 1873 年登陆上海滩，开始在中国拓展电报业务。

到 1980 年以后，随着改革开放的深入，中国电报通信业务进入鼎盛时期。进入 21 世纪之后，由于其他更为便捷的通信方式兴起，各地电信局的电报业务开始陆续关闭。随着北京电报大楼于 2017 年 6 月 16 日正式关闭电报业务，标志着中国电报时代彻底结束。

1.2.3　电话的出现

通信技术的进步是提升人与人之间联络效率最重要的保证。电话(见图

1.3(a))的发明由于可以进行即时远距离双工通话,成为人们长途联络通信革命性的标志事件。

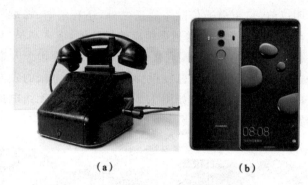

（a）　　　　　　　（b）

图1.3　手摇电话机和智能手机

我们的常识都认为,电话机是贝尔发明的,因为亚历山大·贝尔(Alexander Graham Bell)在1876年取得了电话机发明的专利权。他创建的贝尔电话公司,后来变成世界著名的AT&T公司。可是,美国众议院于2002年6月11日作出决议,把梅乌奇(Antonio Meucci)认定为电话的发明者。加拿大方面反应强烈,指责美国篡改历史是出于政治目的,加拿大众议院紧随美国国会之后,于6月21日作出正式决议,重新认定电话的发明者是贝尔。可见,许多科技历史的描述取决于诸多复杂因素,真相往往扑朔迷离。

距离1876年约一百年后,1973年4月3日,移动电话发明者马丁·库帕(Martin Lawrence Cooper,美国Motorola公司工程师)打通了全球第一个移动电话。移动电话的出现,是通信领域技术发展的又一伟大标志。目前,5G已经开始投入使用,6G的研发已经在进行之中,通信技术已经进入高速发展阶段,华为等中国企业也终于迈入国际领先的通信设备制造企业行列。

智能手机(见图1.3(b))的出现和不断更新换代,将通信技术的应用推向了一个崭新的高度,同时对人类社会的发展,也必将起到前所未有的推动作用。

1.3　网络无处不在

每个团体都是一个网络,联络手段的增强或者通信技术的进步,都将使网络的形成更加便利,网络的数量会越来越多,网络的规模会越来越大,网络的结构会越来越复杂,网络对人类社会的作用也越来越重要。

无论在自然界,还是在社会中,网络都是一个广泛存在的概念。在我们身边，可以随口说出各种我们所熟知的网络：公路网、铁路网、电力网、能源网、电话网、有线电视网、卫星通信网、互联网、物联网，甚至社会关系网……

在我们的日常生活中，"网络"一词已经成为互联网的代称。然而，网络作为一个专用术语出现的时候，在不同的领域都有着不同的定义。

1.4　网络的定义，一脉相承

网络的拓扑结构和网络性质是网络科学（network science）研究的对象，希望能够通过这些研究来探讨复杂网络系统的定性和定量规律。网络科学与许多工程实践、传统学科及新兴学科都有着丰富广泛的交叉研究内容，是一门新兴的交叉科学。因此，准确地理解网络的概念对我们的各方面工作都有重要的意义。

抽象地讲，网络是由若干节点和连接这些节点的链路构成，表示诸多对象及其相互联系客观或虚拟地存在。但网络在各个学科中又有着各自具体的描述。

1.4.1　数学定义

从根本上说，网络是一个数学概念，是以图论和拓扑学等应用数学的理论发展而来的。网络是一个由节点、源节点、度（出度和入度，矢量连线）等基本要素构成的图，在连线或节点旁标出的量值，称为线权或点权，因此，一般也称为加权图，如图 1.4 所示。

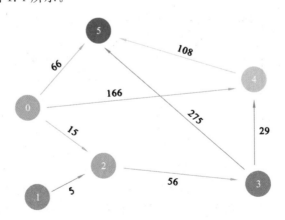

图 1.4　网络的数学定义——加权图

同时，也可以密度、网络直径、平均度、平均路径长度、聚集系数、连通性等概念来描述网络的属性。

1.4.2 物理学定义

我们知道,物理学概念是数学概念的应用。网络在物理学领域,就可以认为是从某种类型实际问题中抽象出来的一种模型,这种模型可以用数学中的图论来表达并进行研究。网络理论是解决实际物理问题的一个数学方法。

1.4.3 电学定义

电学是物理学的一个分支,因此,电学定义是物理学定义的延伸和具象。《现代汉语词典》对电学中的网络概念作出了这样的定义:在电的系统中,由若干元件组成的用来使电信号按一定要求传输的电路或这种电路的部分,叫网络。我们接触到的多数网络概念正是以此为出发点的。

1.4.4 计算机网络定义

计算机技术是电学的一部分,是电学理论最重要的应用之一。因此,计算机网络定义又是电学网络定义进一步的延伸和具象。

简单来说,我们可以对计算机网络进行这样的描述,用物理链路将各个孤立的计算机或工作站或计算机系统连接在一起,形成物理上的数据链路,再通过网络协议及网络操作系统等网络软件技术,来实现设备相互通信、信息资源共享,这样的系统就是计算机网络,如图1.5所示。

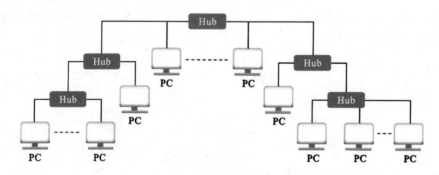

图 1.5 计算机网络

从功用上讲,计算机网络就是一个虚拟平台,通过这个平台把从一维到多维的信息接收、传输联系到一起,从而实现这些信息资源的共享。

现在,如果没有特别指出,网络、计算机网络、互联网、因特网四个术语常常被当作同一个概念。如果将这些概念的内涵和外延进行区分,则是这样的递延关系,网络包含计算机网络,计算机网络包含互联网,互联网包含因特网。

《现代汉语词典》对"互联网""因特网"进行了如下的定义：互联网指由若干电子计算机网络相互连接而成的网络；因特网是目前全球最大的一个电子计算机互联网，是由美国的 ARPAnet 发展演变而来的。这样的词典级定义在今天看来，不能算作十分严谨。因此，对这些概念的理解和定义会随着技术与应用的发展不断地进行调整和完善。

1.5　从互联网的诞生看网络的功用

1.5.1　电子计算机的发明与互联

1946 年，冯·诺依曼（John von Neumann，匈牙利裔美籍科学家）发明了人类历史真正意义上的第一台电子计算机。

到了 20 世纪 60 年代早期，为了能够共享稀缺的计算机主机资源，人们实现了终端和主机之间的通信，这种面向终端的计算机网络应该是最早的计算机网络雏形。几年之后，多台计算机主机相互之间已经能够实现互联，计算机与计算机之间从此开始通信的历史。

1.5.2　互联网的诞生

冷战期间，军事战略的需求才真正推动了互联网的诞生。

ARPA（Advanced Research Projects Agency，美国国防部高级研究计划管理局）出于军事目的，在 1969 年建立了 ARPAnet，它把几台供研究和军事上使用的计算机主机进行连接，组成网络。其目的主要是为了把多个分散的军事指挥中心建设成为一个统一的、分散但有联系的指挥系统，当个别指挥中心被摧毁瘫痪后，其他指挥中心仍能正常工作，它们虽然分散但仍能保持一种网络通信联系。

ARPAnet 发展到了 20 世纪 70 年代，已经形成数十个计算机网络。但是，这些计算机网络相互之间仍然没有实现互通。为了解决这一难题，ARPA 设立了一个新的项目，让工业界和学术界一起参与研究。这一项目的主要研究目的，就是找到一项新的技术，让不同的计算机局域网能够实现互联，形成"互联网"。研究人员把它称为"internetwork"，简称为"Internet"。这就是"Internet"的由来。

著名的互联网通信协议 TCP/IP（由传输控制协议 TCP 和网际互联协议 IP 组成）出现于 1974 年。直到 1982 年 ARPA 才接受了 TCP/IP，随后它把

ARPAnet 分成民用和军用两部分：民用部分仍称为 ARPAnet，军用部分则改称为 MILnet。

1.5.3 互联网的发展

1986 年，五个分布在美国不同地区的，以科教服务为主要目的的超级计算机中心，通过 NSF(National Science Foundation，美国国家科学基金会)实现了互联，形成一个跨地区的网络，于是 NSFnet 诞生。

1988 年，ARPAnet 退出舞台，NSFnet 替代它成为 Internet 的主干网。NSFnet 继续采用了生命力强大的 TCP/IP 技术，因为这一技术在 ARPAnet 中的应用非常成功。许多政府、大学以及科研机构的网络经过许可也纷纷加入 NSFnet。

1989 年，ARPAnet 彻底解散，Internet 实现了从军用到民用完全转型。

同年，欧洲核子研究组织（法语：Conseil Européenn pour la Recherche Nucléaire；英语：European Organization for Nuclear Research，CERN)研究成功万维网(World Wide Web，WWW)，成为 Internet 进行广域超媒体信息检索的基础技术。

1992 年，MERIT、MCI、IBM 三家美国公司，合作组建了一个新的网络服务公司(ANS)，并建设了网络 ANSnet，这个网络也成为 Internet 的一个新的主干网。与 NSFnet 不同的是，ANSnet 是 ANS 公司私有的，NSFnet 则是由国家建设而成。Internet 从此走入商业化进程，这一转变可能是美国政府的一个战略性举措。

1995 年，NSFnet 正式停止运作，Internet 已经走进全球 90 多个国家，连接数百万台主机。时至今日，Internet 已经遍布全球。随着移动互联网和工业互联网的快速发展，互联网的用户数量有望超过地球上的总人口。

1.5.4 网络的功用

在互联网发展初期，其作用显然是为了解决计算机之间的互联互通以及人与人之间通过网络互联互通的问题。因此，它具有以下基础服务功能：

(1) Telnet 服务（远程登录服务）。Telnet 可提供 Internet 远程登录服务，实现远程登录用户和服务器之间的交互。Telnet 也可以让用户通过一台网络中的计算机登录进入一个远程系统，操作远程系统可以像操作自己的计算机一样方便。

(2) FTP 服务（文件传输服务）。FTP(file transfer protocol)使 Internet 上的用户能够将一台计算机上所有类型的文件，传输到另一台计算机上，如文本文件、二进制可执行文件、数据压缩文件、声音文件和图像文件等。

（3）E-mail 服务（电子邮件服务）。这是在 Internet 中使用非常广泛的一项服务。所有能与 Internet 进行连接的用户,只要拥有 E-mail 地址,就可以与其他有 E-mail 地址的 Internet 用户直接进行电子邮件通信。电子邮件服务可以传送各种各样的计算机文件。

（4）WWW 服务（万维网服务）。WWW 已经成为各种多媒体信息集大成的全球性的信息资源网络,同时也是 Internet 的非常重要的组成部分。Internet 用户可以通过浏览器（Browser）,在浩瀚无际的 Internet 时空中漫游,浏览自己喜爱的各种资料,搜索自己需要的各种信息。

互联网发展到今天,已经进入社会的方方面面,其各种各样的应用功能可谓是层出不穷、日新月异,如图 1.6 所示,互联网的应用进一步满足了人们相互联络的自然需求。从生活到生产,从衣食到住行,从艺术到体育,从文化到旅游,从教育到医疗,从社交到商务,从金融到贸易,从农业到工业,从内政到外交,从小区治安到国家安全等,互联网都是它们的重要支撑之一。可见,网络的重要性已经达到了一种非常高的程度,网络自身的技术水平、支撑能力、安全性也越来越重要。

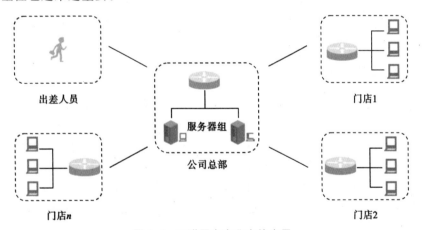

图 1.6　互联网在商业中的应用

1.6　从物联网的诞生看网络的融合

从本质上讲,互联网只是解决了人与人之间互联互通的问题。因为人具有高等智慧,通过其主观能动性和友好的人机界面,就可以实现互联互通。而世间其他万物则不具有这样的先天条件,无法通过主动使用互联网实现联通。

因此,就催生了物联网的概念。

1.6.1　网络新概念

物联网(the Internet of things,IOT)作为一个正式的概念出现在 21 世纪初,是基于传感技术、物品编码技术、RFID 技术、IC 技术以及 Internet 技术不断发展的基础上出现的新概念。它是一个从终端感知、通信传输和智能处理,再到终端执行的网络。可通过各种类型的信息传感器,采集环境中声、光、热、电、力等物理信息,位置、高度等地理信息,以及各种生物化学信息,借助各种各样可能的网络进行接入,让所有具备独立寻址条件的普通物理对象,能够互联互通,实现物与物的泛在连接,实现对物品及过程的智能化感知、信息传输、识别和结果执行。

1.6.2　物联网借力既有网络

物联网的英语表达是 the Internet of things,原意就是物品之间的互联网。因此,物联网从一开始就不是一个独立的网络,它需要而且必须通过接入互联网以及电信网等各类可能接入的网络来完成工作。因为在网络技术已经高度发达的今天,不可能也没必要为物联网建设完全独立的网络,这正是网络融合技术的理念。

1.6.3　网络的融合意义重大

一般来说,需要网络传输的信息包括语音、图像、视频、文本和数据等。由于技术发展的限制,不同的时代都建设了用于不同用途的传输网络,比如用于传输语音的 PSTN 网(公用电话网)、传输视频的 CCTV 网(闭路电视网)、传输文本和数据的 Internet(互联网)等。但在本质上,所有的网络都是为了传输信息。因此,在通信技术不断发展的过程中,科技工作者一直都在孜孜不倦地追求,如何通过同一物理媒介、同一通信设备、同一传输网络来传输所有信息。像通过电网和有线电视网传输互联网信息,这样的实验和应用都是很有价值的。

互联网技术出现之后,特别是有了 TCP/IP 协议之后,实现网络融合有了可能性。由于 TCP/IP 协议适用于各种基于 IP 的业务,并且能够让这些业务实现互联互通,因此为不同的数据网络、电话网络和视频网络融合在一起创造了条件,这使得网络融合(network convergence)技术有了很大的发展空间,如图 1.7 所示。融合的方式也是多种多样的,既可以相互借用,也可以统一整合。这样,降低了相关企业的管理和运营的成本,同时提高了工作效率。

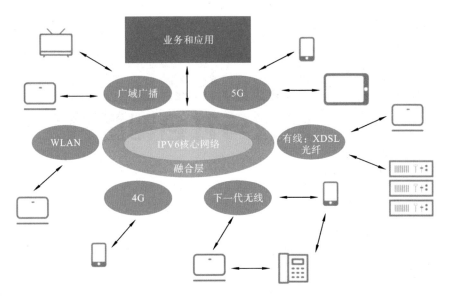

图 1.7　网络的融合

　　网络融合有着非常重要的意义。融合技术的应用除了能够降低成本和提高效率之外,更重要的是能够满足各种不断出现的新型交叉应用需求。另外,这些应用还可以促使网络本身增加许多不曾具有的新的延展特性。但是技术瓶颈、政府管理机制的制约和既得利益团体的利益保护动机,都是推进网络融合工作需要克服的困难。

第 2 章　从自动化到智慧化，科技与社会相融共生

·本章导读·

　　智慧系统是渐进发展而来的。从人用双手到使用工具,从完全依靠人力到使用其他动力,从机械化、自动化、智能化、数字化、信息化、智慧化一步一步走来。在农业时代、工业时代之后,人类社会历史又迎来了一个崭新的时代——信息时代,人工智能的应用标志着智慧化阶段的起步,人工智能的发展前景无法预估。智慧系统的未来发展既需要趋利避害又必须坚定不移地推进。

　　现在人工智能是一个炙手可热的概念。人工智能技术的日趋成熟是电子设备或电子系统走向智慧化的典型标志。2019 年发生的一个重要经济事件是特斯拉纯电动汽车上海工厂开始批量生产,马斯克把他的汽车品牌确定为"Tesla"(特斯拉),是为了纪念伟大的发明家尼古拉·特斯拉(Nikola Tesla,塞尔维亚裔美籍科学家)。正是特斯拉,于 1891 年发明了交流电,正式开启现代电力的应用时代。从电的应用开始,到人工智能产生,大致经历了自动化、智能化、数字化、信息化、智慧化等阶段。这个过程是一个连续且有阶段交叉的过程,这些阶段许多概念尚无明确定义,相互之间也没有明确的界限分隔,人们为了便于描述,以其各个发展阶段的主要特征予以命名。

2.1　自动化,社会现代化的前奏

　　自动化是我们耳熟能详的词汇,已经进入我们生活的方方面面。它的演进已有一百多年的历史。

2.1.1　自动装置

为了减轻繁重的体力劳动，人们很早就开始使用人力以外的其他动力，如畜力、水力（见图 2.1）、风力、燃料，直至蒸汽动力。外力的使用，使得机械工作可以代替人工劳动来完成生产作业，也就是机械化。在机械化阶段，已经有了可以实现自动控制的自动装置。比如，早在 18 世纪 80 年代，就有了可以自动调节蒸汽机转速的自动装置，这是一种离心式调速器，与蒸汽机的阀门一起可以实现闭环自动控制，是英国人发明的，发明人叫詹姆斯·瓦特（James Watt）。但"自动化（automation）"作为一个技术概念直至 20 世纪 40 年代才出现，正是电力的应用，使工业生产从机械化迈入自动化阶段。

图 2.1　机械化的自动装置——水车

2.1.2　控制理论与自动化发展进程

自动化作为一个技术概念，其内涵一直在随着技术的发展而变化。首先，自动化的基本目标是以机器代替人力操作，自动地完成特定的作业。随着自动控制理论的不断发展和电子信息技术的不断进步，自动化技术逐步进入不同的发展阶段。

（1）局部自动化时期。

20 世纪四五十年代是局部自动化时期。在这一时期，形成了以解决单变量的控制问题为目标的经典控制理论，开创了系统和控制新学科。

（2）综合自动化时期。

到了 20 世纪 50 年代末，工业生产的复杂化使得经典控制理论无法再满足需要，于是诞生了可以解决多变量系统最优控制问题的现代控制理论。自动化技术的发展进入综合自动化时期。单片微处理机的出现,快速提升了控制技术的水平,对综合自动化技术的发展也起到了极大的推进作用。

（3）高级自动化时期

20世纪后期,自动化服务的对象规模越来越大、过程和系统越来越复杂,出现了许多用现代控制理论也无法解决的问题。自动化理论必须突破自己的局限,与计算机技术、通信技术、系统工程技术和人工智能技术交叉研究和实践,形成大系统控制理论和复杂系统控制理论。同时也出现了一些新型系统,如柔性制造系统、计算机集成制造系统、办公自动化系统、专家系统、决策支持系统等。我们可以称之为高级自动化时期,目前仍处于这一进程中。仓储自动化系统如图2.2所示。

图2.2　仓储自动化系统

2.1.3　自动化的发展趋势

通过以上描述,我们可以对自动化下一个这样的定义,自动化是指机器设备、系统或过程(生产、管理过程),在无人干预的前提下,按照预定程序,经过自动检测、信息处理、分析判断、自动控制,完成预定目标的过程。

我们可以看到,工业领域及社会上都在不断产生新的需求,电子技术特别是微电子技术、通信技术特别是无线通信技术、计算机技术与控制技术都在快速发展的过程之中,系统理论和人工智能理论也在不断地深化和创新,因此自动化技术的发展也同样处于一个快速的、没有止境的发展过程中。

总之,自动化技术是工业现代化和社会现代化的基础支撑,一定是向系统化、柔性化、集成化和智能化的趋势发展。

2.2　智能化，自动化发展的方向

智能化是自动化的高级发展形式，是自动化技术当今和未来的发展方向，已经成为工业控制领域和自动化领域的各种新技术、新方法及新产品的发展趋势和阶段性标志。虽然"目前尚缺乏明确的、公认的、科学的定义"（中国人工智能学会名誉理事长涂序彦教授用语），智能化仍然具有一些公认的特点：

（1）以"人工智能"的理论、方法和技术作为处理信息与问题的基本出发点；

（2）比自动化技术具有更宽泛和更强大的感知能力，这是实现智能进程的前提条件和必要条件；

（3）可实现更复杂的控制功能，并在一定范围内改变和扩展功能；

（4）具有一定的自学习、自校正、自协调、自组织能力；

（5）具有一定的行为决策能力，即对外部信息的变化作出判断和反应，形成决策并付诸实施。

智能化作为自动化发展的一个高级阶段，可能是一个过渡性的概念。比如目前正热络的"智能制造"概念具有高级自动化时期多种系统的特征并具有综合性的优势，随着"智慧工厂"理念的逐步深入和实践落地（见图 2.3），未来"智能制造"可能将不再是一个独立的概念。

图 2.3　智能制造车间

2.3 数字化,信息化建设的基础

数字化是信息化建设的基础,也是自动化和智能化向更高水平发展的驱动力。

2.3.1 模拟信号与数字信号

自然界的现象千千万万,不一而足。在数字技术出现之前,描述这些现象所用的物理信号都是模拟信号(见图 2.4),通信传输设备也都是模拟制式,无穷变换的模拟信息大大限制了通信设备及通信系统的传输质量和传输容量。

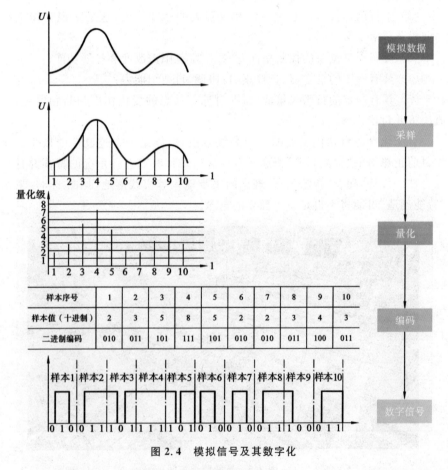

图 2.4 模拟信号及其数字化

早在 20 世纪 40 年代,信息论的奠基人香农(C. E. Shannon)就证明了采样定理，即在一定条件下，用离散的序列可以完全代表一个连续函数。可以说，这一定理很早就为数字化技术奠定了基础，但由于电子技术发展的限制，无法在那样的时代达到实用目的。

2.3.2 数字化的实现

所谓数字化，本质上就是将繁杂多样的自然信息转变为能够进行度量的数字或数据。随着晶体管的出现，模拟信号的采样开始变得容易实施。集成电路技术、单片处理机技术的发展，让采样技术突飞猛进，数字化技术真正进入实用化阶段。这样，所有自然界的物理信号都可以从连续型的"模拟化"变换到离散型的"数字化"，通过编码技术，可以统一用计算机的二进制语言"0 和 1 表述。

图 2.4 描述了信号采样的实现、十进制的数字信号和二进制数字信号生成的过程。

2.3.3 数字化的意义

模拟信号数字化之后，设备及系统就可以直接处理数字信号。这带来了下面一些优点：

（1）数字信号处理电路比模拟信号处理电路简单；

（2）数字信号能够进行压缩；

（3）数字信号与模拟信号相比，抗干扰能力更强；

（4）数字信号易于在计算机中进行处理，为信息化建设奠定基础。

这些优点为提高通信系统的传输能力创造了最重要的条件。特别是二进制编码后的数字信号，使得通信设备与计算机的融合成为可能。

2.4 信息化，现代社会的转型之路

比起"自动化"，"信息化（informatization）"算是一个新概念。可以说，自动化技术和计算机技术都是信息化的基础和推动力。信息化思想和概念是在"信息""信息科学"和"信息社会"等概念发展到一定程度后才出现的。

2.4.1 信息

在电子学领域，可以直观地认为"信息就是电子线路中传输的信号"。在一切自动化和通信系统中，信息都是一种普遍联系的形式。

然而作为一个科学术语,"信息"有着其更为本质的含义。香农就对"信息"给出过明确定义,他认为"信息是用来消除随机不确定性的东西"。控制论创始人维纳(Norbert Wiener)也给出一个很有影响的定义,他认为"信息是人们在适应外部世界、并使这种适应反作用于外部世界的过程中,同外部世界进行互相交换的内容和名称"。中国著名的信息学专家钟义信教授则认为"信息是事物存在的方式或运动状态,以这种方式或状态直接或间接的表述"。

许多不同领域的研究者从各自的研究需要出发,也给出过各种不同的定义。我们认为,下面这个对信息概念的描述应该更具有全面性:信息是对客观世界中各种事物的运动状态和变化的反映,是客观事物之间相互联系和相互作用的表征,表现的是客观事物运动状态和变化的实质内容。

2.4.2 信息论

信息论是关于信息的理论,是专门研究信息的有效处理和可靠传输一般规律的科学。20世纪40年代后期,香农发表的《通信的数学理论》等论文,第一次为通信过程建立了数学模型,这就是现代信息论的开始。

信息论采用数理统计与概率论的方法,研究信息传输、信息压缩、信息熵、信息系统等问题,用以计算信息系统信道容量。

香农-哈特利(Shannon-Hartley)定理描述的就是信道容量与信道带宽以及信道信噪比关系的。其公式(也称香农公式)表示为

$$C = B \cdot \log_2(1 + S/N) \tag{2.1}$$

式中:C 为信道容量,b/s;B 为信道带宽,Hz;S/N 为信噪比,dB。

可以假设 $S/N \gg 1$,并定义 $\mathrm{SNR} = 10\log_2 S/N$,那么可以用近似值表示为

$$C = 1/3 \cdot B \cdot \mathrm{SNR} \tag{2.2}$$

香农-哈特利定理也称为有噪信道编码定理,这个关系式就是信道编码技术的基础原理。信道编码的目的是通过编码技术减少比特错误,从而提升 SNR 和提高信道容量。另外,从式(2.1)可以看出,如果信噪比一定,增加带宽也可以提高信道容量,这就是扩频通信的基本原理。

式(2.2)的意义可以用图2.5中的曲线来表达。C/B(容量/带宽),单位为 b/s/Hz,即单位频带的信息传输速率,其物理意义就是频带的利用率。一般情况下,信道资源都是有限的,因此尽量提高 C/B 值,追求频带利用率能达到的极限,是现代信息技术和通信技术主要的工作目标。

随着通信技术日新月异的发展,以及各种新型学科的相互渗透,信息论的研究已经演变成为一个"信息科学"的学科体系,不再局限于香农当年狭义的通信系统的数学理论的研究。但信息论的研究与发展仍然是现代通信行业的

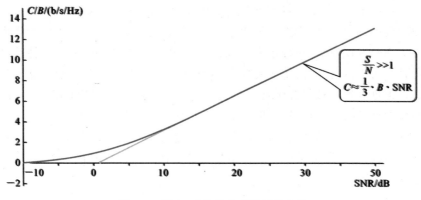

图 2.5　香农-哈特利定理的近似表达

基础和重要支撑。

2.4.3　信息化

数字化是将具体的信息抽象为量化数据,而信息化则是在于数据的提炼、加工及更有效地流动。因此,信息化的侧重点是信息的自动加工和处理。

20 世纪 60 年代,日本社会学家梅倬忠夫发表了"信息产业论",参照"工业化"的概念,他提出了"信息化"的概念,并进一步提出"信息社会"的概念。他认为,信息社会是信息产业高度发达并且在产业结构中占据优势的社会,信息化是由工业社会向信息社会演进的动态发展过程。或者说,信息化是指社会经济结构从以物质与能量为重心,转向以信息与知识为重心的过程。

20 世纪 80 年代法国学者开始探讨如何实现社会信息化问题。这一问题被具体为计算机如何与远程通信、数据处理、网络等相结合的问题。

20 世纪 90 年代以来,信息技术和网络技术的高速发展,为信息化的发展创造了更为有利的条件,各个国家都开始高度关注信息化的进程。同时社会经济的发展,使社会信息量急剧增长。如何开发利用好这些社会信息资源是信息化工作的核心内容。信息化将会使这些资源成为现代社会发展的重要支柱和战略资源。

中国政府也高度重视信息化的建设。1997 年召开的首届全国信息化工作会议,对相关工作作出明确规划和部署,并且将"信息化"和"国家信息化"定义为"信息化是指培育、发展以智能化工具为代表的新的生产力并使之造福于社会的历史过程。国家信息化就是在国家统一规划和组织下,在农业、工业、科学技术、国防及社会生活各个方面应用现代信息技术,深入开发广泛利用信息资源,加速实现国家现代化进程"。在此之后,中国的信息化建设步入了快车道,迅速拉近了与发达国家在信息化建设上的距离。

从本质上说,信息化过程就是将具体业务数据化,并把数据汇总形成数据库,根据特定的数学算法或智能手段,实现信息资源高度共享,让社会物质资源潜力充分发挥作用,为特定人群和组织对象的生活、学习、工作和辅助决策等各种行为提供服务,促使个人行为、组织决策和社会运行趋于合理化的理想状态。也可以把信息化看作是信息技术在社会经济各部门应用之后,不断改造传统的经济、社会结构从而走向上述理想状态的一个过程。

信息产业正在成为整个社会经济结构的支柱产业。在农业时代、工业时代之后,人类社会历史又迎来了一个崭新的时代——信息时代。例如,物业治理信息化如图 2.6 所示。

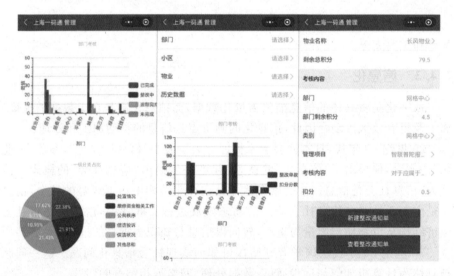

图 2.6　物业治理信息化

2.5　智慧化,自动化的终极追求

虽然我们对智慧城市、智慧园区、智慧教育、智慧医疗、智慧工业等概念感觉都已经很熟悉,但事实上,智慧化是一个全新的概念。

2.5.1　什么是智慧化

智慧化是利用现代各学科的技术,使机器或系统的特性向着人类智慧特征无穷趋近的一个过程,不但能够趋近个人智慧,社会管理也需要能够趋近群体智慧。自从有了自动化技术,智慧化就成了许多领域的科学家们梦寐以求的愿望。

2.5.2 "智慧"与"智能"不同

智慧的核心是创造性，包括创新和创意，是人类所专有的特征。智慧包含感知与记忆、理解与联想、情感与逻辑、辨别与分析、计算与判断、知识与文化、取舍与包容等复杂的内容和过程，能够对人与社会、事件与过程、历史与未来、宇宙与万物进行一体化的综合性的思考。

而智能则不同，它是以记忆(或存储)容量、计算速度、反应敏捷度、精确度、记忆的永久性为主要特征。它具有机械性、程序化、条件反射的特点。人和动物都拥有智能，但所有的动物都不具备智慧能力。

因此，智慧化是与智能化不同的概念。

2.5.3 智慧化的期待

由于人们对自身智慧的理解还非常有限，对构成人的智慧的必要元素了解也很有限，智慧化的过程必定是一个漫长的、无止境的过程。它需要自然科学、社会科学、技术科学等全学科的支撑，特别是数学、计算机科学、仿生学、哲学等学科的基础支撑。据报道，已经有数学家开发出了一种新的数据分析方法，这种方法有可能将人的"创造力"模式化，进而有可能通过输入模式赋予计算机"创造"能力。所以，虽然路途漫漫，但是可以期待。

智能化的概念为中国大众所认知，是在 20 世纪 90 年代末，当时属于智能化发展的初级阶段。20 多年过去了，各领域的智能化都有了大发展，绝大多数终端设备从模拟制式升级到了数字制式，特别是人工智能技术的融入，使智能化系统的功能和水平得到空前提高，并且具有了不少智慧化的元素，也使前面提到的各个"智慧"概念快速兴起。虽然这些系统和真正的智慧系统还有很远的距离，作为追求和实践还是值得肯定的。

智慧化是自动化发展的终极目标，当然也是智能化发展的终极目标，人工智能的发展已开启智慧化的先河，特别是强人工智能未来可能的突破将会极大推动智慧化的进步。

2.6 人工智能，智慧化的起跑线

2017 年 12 月，人工智能入选"2017 年度中国媒体十大流行语"。入选理由为：经过多年的演进，人工智能发展进入了新阶段。为抢抓人工智能发展的重大战略机遇,构筑我国人工智能发展的先发优势,加快建设创新型国家和世界科技强国,2017 年 7 月 8 日,国务院印发了《新一代人工智能发展规划》。这一重要文件提出了面向 2030 年我国新一代人工智能发展的指导思想、战略目标、重点任务和保障措施,为我国人工智能的进一步加速发展奠定了重要基础。

2019 年 3 月,十三届全国人大将与人工智能相关的立法项目列入立法规划。

2019 年 6 月,国家新一代人工智能治理专业委员会发布《新一代人工智能治理原则——发展负责任的人工智能》,提出了人工智能治理的框架和行动指南。这是中国促进新一代人工智能健康发展,加强人工智能法律、伦理、社会问题研究,积极推动人工智能全球治理的一项重要文件。

从以上事件,我们可以真切地感受到"人工智能"的热度。那么人工智能到底是怎么一回事,让社会和国家这么重视?

2.6.1 人工智能到底是什么

比较直观地讲,人工智能(artificial intelligence,AI)就是模仿人类活动的现象及规律,构造具有一定类人智能的人工系统,研究如何让机器去完成以往需要人的智力才能胜任的工作。关于这一概念,不同的专家学者都有着自己不同的专业理解和描述:

"人工智能是关于知识的学科——怎样表示知识以及怎样获得知识并使用知识的科学。"(美国斯坦福大学人工智能研究中心尼尔逊教授)

"人工智能就是研究如何使计算机去做过去只有人才能做的智能工作。"(美国麻省理工学院温斯顿教授)

"人工智能就是根据对环境的感知,做出合理的行动,并获得最大收益的计算机程序。"(维基百科的人工智能词条)

"人工智能是有关智能主体(intelligent agent)的研究与设计的学问,而智能主体是指一个可以观察周围环境并做出行动以达到目标的系统。"(《人工智能:一种现代的方法》作者 Stuart Russell 与 Peter Norvig)

我们认为,这些描述并没有本质的区别,人工智能就是以计算机技术科学为基础,研究、开发用于模拟、延伸和扩展人的智能的理论、方法、技术及应用系统的一门新的技术科学。

2.6.2 人工智能不是一个新概念

"人工智能"并不是一个新概念,作为一个技术概念,它早在 1956 年就被正式提出。那个时候对人工智能的定义是"要让机器的行为看起来就像是人所表现出的智能行为一样",并为此规划出发展路线,希望未来机器能够"像人一样行动""像人一样思考""理性地行动"和"理性地思考"。但由于技术发展的限制和现实社会的需求有限等各种因素,在之后的五十多年中,人工智能的发展都比较缓慢。

2008 年经济危机后,首先是西方国家希望通过再工业化应对严峻的经济发展形势,"工业 4.0"造就了一次工业革命,工业机器人得到快速发展,并因此带动了人工智能和相关领域产业在近十多年不断取得突破,人工智能产品在很多领域已经可以完成原来必须由人来做的工作。图 2.7 描述了我们在人工智能领域更多的期待。

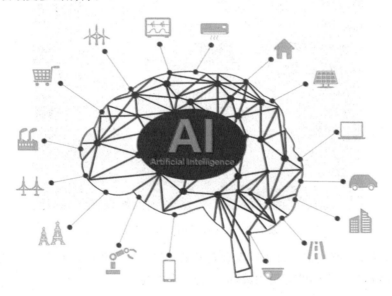

图 2.7 人工智能的期待

2.6.3 人工智能发展的两大技术路线

在人工智能领域,至今还没有统一的原理或范式指导相关研究。许多问题都是在研究者的争论和实践中不断得到解决。但就其本质而言,人工智能都是对人的思维的信息过程的模拟。而这个模拟有两条道路可以进行:一是结构模拟;二是功能模拟。因此,也产生两条不同的技术路线:仿生学路线和工程学路线。

1. 仿生学路线

仿生学路线是走结构模拟的道路,希望仿照人脑的结构机制,制造出"类人脑"的机器。仿生学路线不仅要追求类人的智能效果,还要求实现方法也和人类或生物机体所用的方法相同或相类似。遗传算法(generic algorithm,GA)和人工神经网络(artificial neural network,ANN)均属这一类型。

2. 工程学路线

工程学路线是走功能模拟的道路,采用编程技术,使机器或系统能实现类人的智能,并不考虑所用方法是否与人或生物机体所用的方法相同,如图 2.8 所示。

图 2.8 人工智能的工程学路线

两种技术路线都取得了不少研究成果。但工程学路线从其实用主义的观念出发,在各个不同的应用领域,都有着更多的显性成就。

2.6.4 弱人工智能和强人工智能

"弱人工智能"和"强人工智能"最初只是两种观点,并不是技术概念。但现在有许多人用它们来描述处于不同阶段的人工智能技术、研究成果或产品。

持"弱人工智能"观点的学者认为,不可能制造出能真正地推理(reasoning)和解决问题(problem solving)的智能机器,这些机器只不过看起来像是智能的,但是并不真正拥有智能,也不会有自主意识。走工程学路线的学者比较支持这种观点。主流科研集中在弱人工智能上,这一研究领域已经取得较大的成就。以深度学习为基础的弱人工智能技术目前在图像识别、语音识别、机器翻译、自然语言处理等方面取得了巨大成功,并大规模市场化。

持"强人工智能"观点的学者认为,有可能制造出能真正推理和解决问题

的智能机器,并且,这样的机器将被认为是有知觉的,有自我意识的。这些学者还认为强人工智能可以有两类:

(1) 类人的人工智能,即机器的思考和推理可以像人的思维一样;

(2) 非类人的人工智能,即机器可以产生和人完全不一样的知觉和意识,使用和人完全不一样的推理方式。

走仿生学路线的学者比较支持这种观点,如图 2.9 所示,人工智能真的会有艺术创造力吗?

图 2.9 人工智能将超越人类智慧的水平?

但对于这种可能性的发展,许多科学家却很担忧,著名的物理学家霍金甚至认为人工智能是人类历史上最严重的错误,他认为人工智能的潜力无限,完全有可能超过人类智慧的水平。他曾直言不讳地说,人工智能的全面发现会导致人类的终结。这也就是中国政府为什么未雨绸缪,提前制定政策,加强人工智能法律、伦理、社会问题研究,并积极推动人工智能全球治理。虽然如此,还是不得不强调,在这个仍然以国家为基本单元的世界里,开展人工智能的研究和推动人工智能的发展,对国家发展甚至生存的重要性都是不言而喻的。

2.6.5 人工智能是智慧化的初级阶段

人工智能是智能化的高级发展形式,虽然已经获得了长足进步,但我们认为,与智慧化无限的发展空间来比,仍然是微不足道的,只能算作智慧化的初级阶段。人工智能已经是智慧系统的重要入口和主要组成部分,未来在智慧系统中的作用将会越来越强大。

本章结束之前,举一个例子可以让我们更直观地理解一下上面的有关概念。假如您的孩子是一个即将参加高考的应届高中毕业生,天天要做试题，机器帮他改卷子。改对错题、填空题、选择题，这就是自动化功能；改作文题或者根据近期测验成绩帮他调整各科学习计划，这就是智能化功能；他一直成绩优异，帮他分析能够考上复旦大学和上海交大的概率，这就是人工智能功能；但判断到底是上复旦大学适合他，还是上海交大适合他，那就是智慧化功能。

第 3 章　从终端到系统，用全局思维看待系统工程

■ 本章导读 ■

　　系统概念是智慧系统概念的基础。系统概念强调从整体出发，是人类对自然社会的一种思考与分析方式，并形成具有哲学意义的思想理论体系。系统论认为，系统是整体的，系统是关联的，系统是动态平衡的。系统工程理论以系统论、控制论、信息论为基础，对智慧系统的规划、建设与应用具有根本性的指导作用。

　　日常生活中，我们享受到的各种科技服务，大都是通过终端设备得到的，我们不太关心每个终端后面都有一个庞大的系统。比如，我们天天用手机，你关心过它背后覆盖全球的移动通信系统吗？我们天天看电视，你关心过它背后的遍布城市的有线电视系统吗？我们在医院挂号付款，你关心过它背后的联结各科室的医院信息系统吗？而智慧城市系统则是一个包含上述所有系统的大系统。正是这些系统，才使我们享受到了各种服务，单靠终端设备，有可能什么事情都办不到。那么，系统到底是什么？

3.1　系统是什么

　　系统是个大概念，其内涵和外延都非常宽泛。我们仅就和本书讨论问题有关的内容进行介绍。

　　系统一词，来源于古希腊语（英文 system，古希腊文 systemα），是由部分构成整体的意思。在自然、社会、科技各领域，系统无处不在。人们对系统的研究历史悠久，解释各不相同，比如：

　　"系统是诸元素及其行为的既定集合"；

"系统是有组织的和被组织化的整体";

"系统是有联系的物质和过程的集合";

"系统是许多要素保持有机的秩序,向同一目标进行的事物";等等。

L. V. 贝塔朗菲(L. Von. Bertalanffy)是一般系统论的创始人,他把系统定义为:"由若干要素以一定结构形式联结构成的具有某种功能的有机整体"。

这个定义中包括了系统、要素、结构、功能四个概念,表明了要素与要素、要素与系统、系统与环境三方面的关系。这个定义试图能描述各种系统的共同特征。

例如,信息机房工程系统如图 3.1 所示。

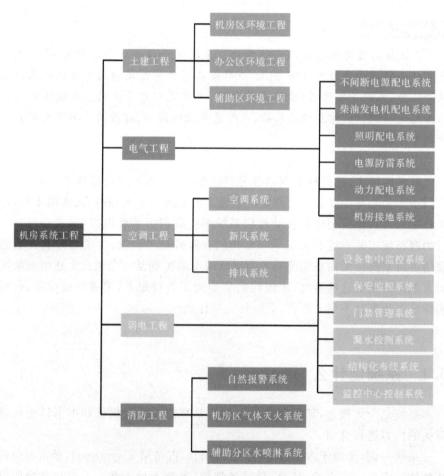

图 3.1 系统举例——信息机房工程系统图

3.2　系统的分类

系统的分类没有明确的标准,大多是根据不同的研究需要来确定原则进行划分的,比如:

（1）根据人工干预的程度可划分为自然系统、人工系统和复合系统;

（2）根据学科研究方向可划分为自然系统、社会系统和思维系统;

（3）根据研究对象关注点可划分为宏观系统、微观系统;

（4）根据系统与环境的关系可划分为开放系统、封闭系统、孤立系统;

（5）根据系统状态特点可划分为平衡系统、非平衡系统、近平衡系统、远平衡系统,等等。

3.3　系统的基本特征

系统论认为,整体性、关联性、自组织性、开放性、复杂性、等级结构性、动态平衡性、时序性等,是所有系统共同的基本特征,如图 3.2 所示。

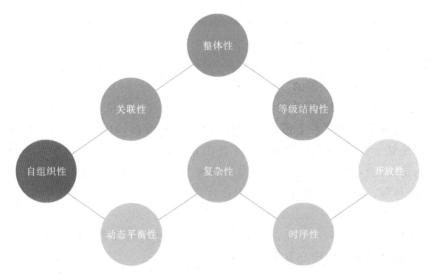

图 3.2　系统的八大基本特征

3.4　系统论

1968 年,贝塔朗菲发表了著作《一般系统理论:基础、发展和应用》("General System Theory:Foundations,Development,Applications")。这一系统理论专著的发表,是系统论作为一门独立学科确立的重要标志。后来,贝塔朗菲和拉维奥莱特(A. Laviolette)合写了《人的系统观》一书,去世之前还发表了论文《一般系统论的历史与现状》。这一系列著作全面探讨了系统的基本概念、论述了系统论的基本思想观点。贝塔朗菲被公认为一般系统论的创始人。

3.4.1　系统论的核心思想

1. 系统是整体的

每个系统都是一个有机的整体。系统不是将各个部分进行机械组合或简单相加。系统的特性也不同于其各要素原有的特性,系统的整体功能并不是各要素功能的集合,它具有与各要素所不相同的功能。系统的整体性,还表现在另外一个方面,要素性能好并不能保证整体性能一定好。

2. 系统是关联的

系统是由各要素组成的,每个要素在系统中都有着自己专门的位置,并起着一定的作用。要素是整体中的要素,因此这些要素不是相互孤立的,它们之间相互关联地存在着,才构成了一个完整的且不可分割的整体。要素一旦从系统整体中割离出来,将不再成为系统的要素,也必将失去要素的作用。

3. 系统是动态平衡的

系统既是有目标、有功能的,同时也有其平衡性。系统实现其目标的过程是动态发展的。任何一个系统,其复杂的内外部因素,时刻在进行着相互作用,总是处于无序与有序、平衡与非平衡的相互转化之中。虽然每个系统有其发生、持续、消亡的演化过程,并且是不可逆的过程,但这个过程只是更大过程的一个环节,这种发生到消亡的过程也体现了更大过程的平衡性。因此在一定的条件下,系统都是动态平衡的。

系统论已经成为一个复杂的学科体系,其论述内容和思想非常庞杂,上述几点应该是最基本的核心思想。

3.4.2　系统论的基本思想方法

人类自产生以来,就没有停止过对自然和科学的探索,但过去对问题的研究,往往是把事物拆分成若干部分,去研究部分中简单的因素,然后再以部分的性质去说明复杂事物。这种方法着眼于局部,遵循简单因果决定论。虽然人类有史以来在多数情况下这种思维方法都行之有效,但是它无法把握事物的整体性,不能反映事物之间的相互联系和相互作用,只能适应于对简单事物的认识,而不能适应对复杂问题的研究。

系统论的基本思想方法,就是要把所研究的事物、对象和目标,都作为一个系统来对待,不但对要素和整体进行研究和分析,还要对环境进行研究和分析,并研究要素、系统、环境三者的相互关系以及关系变动的规律性。以系统的观点和方法来解决问题,才能解决复杂的问题,才能更全面地解决问题,才能从根本上解决问题。从医学领域来看,中医科学的系统性辩证思维也正是其独特的优势所在,如图 3.3 所示。

图 3.3　中医理论是典型的系统性思维

3.4.3　系统论的任务

我们应用系统论的方法,不是仅仅在于对系统的特点和规律进行研究和认识,更重要的是在于如何利用这些特点和规律去建设一个新系统,或者去管理、控制、调整、改造一个系统,通过协调各要素关系,使系统的存在满足人们的预期,系统的发展符合并且越来越符合人们的目的需要。这就是系统论的任务。比如,我们生存的城市系统极其复杂,发展低碳城市是它的一个重要目标,图3.4所示的是用系统论的方法去进行低碳城市实现过程的分析。

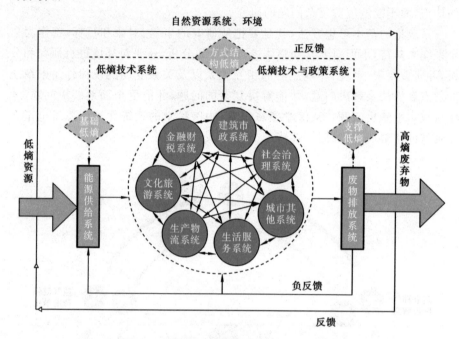

图 3.4　用系统论的方法进行低碳城市分析

3.4.4　系统论的发展趋势

系统论经过不断发展,正在朝着体系化的系统科学前进,如图3.5所示。这个过程具有以下特点:

(1) 系统论是控制论和信息论的基础,但正朝着三门学科深度融合的方向发展;

(2) 除控制论、信息论外,系统论也正在与系统工程、运筹学、计算机网络技术和现代通信技术等新兴学科相互交叉渗透;

(3) 系统学概念出现,这是系统论及其不断发展的新的分支理论耗散结构论、协同学、突变论、模糊系统理论等共同融合形成的,为系统科学的发展奠定基础;

(4) 更加重视系统科学的哲学和方法论问题,这对指导人们的实际工作意义重大。

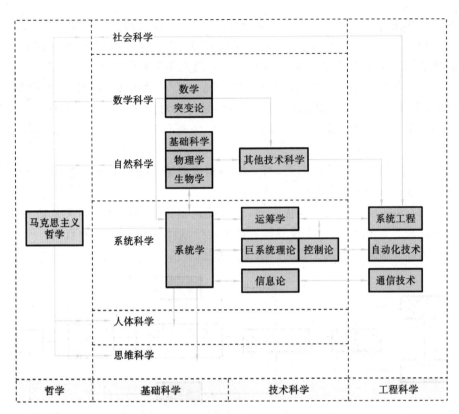

图 3.5　体系化的系统科学

3.4.5　系统论出现的意义

现代科学的发展，具有高度综合化的特点。人类面临的复杂问题越来越多，问题规模更加巨大、相互关系更加复杂。传统分析问题的方法开始显得束手无策，对解决这些问题也无能为力。系统论提供了新思路和新方法，为人类的思维开拓出一片新天地，与其相关学科一起给现代社会中的政治、经济、军事、科学、文化等各领域复杂问题的解决提供了方法论，为社会的前进注入了新动力。

3.5　系统工程

系统工程理论，对于智慧城市系统或其他智慧系统建设来说，有着特别重要的意义。系统工程技术不同于一般工程技术，它需要以系统论、控制论、信息论为理论基础,从全局、整体上进行系统处理,不仅要研究物质系统,也要研究非物质系统(如文化、教育、精神文明建设等系统);而一般工程技术都是以具体的物质系统为对象,主要处理具体技术门类相关问题。

中国著名科学家钱学森曾指出:"'系统工程'是组织管理'系统'的规划、研究、设计、制造、试验和使用的科学方法,是一种对所有'系统'都具有普遍意义的科学方法。"系统工程是一种科学方法,主要任务就是最好地实现系统的目的。其具体措施为:

(1) 根据系统的目的需要,对系统的构成要素、组织结构、信息交换原则等因素进行分析研究,进行最优化设计;

(2) 实施最优控制和最优管理,使系统的整体与局部之间的关系协调和相互配合达到最优状态,实现总体的最优运行,最好地实现系统的目的。

图 3.6 描述了系统工程的一般工作方法。

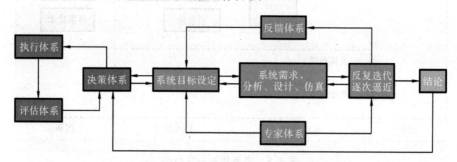

图 3.6 系统工程的一般工作方法

系统分析、系统设计、系统制造与建设、系统运行与维护是系统工程的几大步骤,其中系统分析尤其重要。做好系统分析需要遵循以下几项原则:

(1) 对系统要进行整体分析,分析整体中各个部分之间的相互联系和相互制约关系,使各个部分相互协调配合,服从整体优化要求;

(2) 分析局部问题时,要从整体需要出发,不断优化方案,以综合系统协调的效果来确定局部方案;

(3) 综合运用多种科学方法,综合开展定性分析与定量分析;

(4) 关注系统外部环境的变化规律,分析它们对系统的影响,确保系统能够适应外部环境;

(5) 关注系统的评价机制和原则,分析系统工程各阶段的工作原则与评价原则的一致性。

如图 3.7 所示,以系统集成为例说明系统工程方法的实际应用过程和其中应该遵循的基本工作原则。

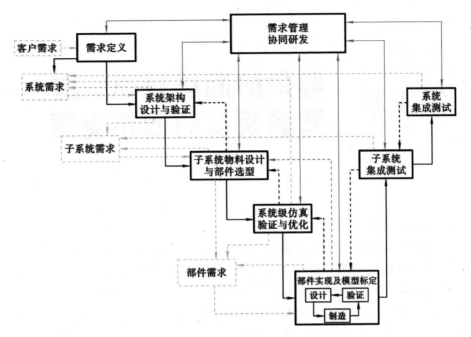

图 3.7 系统工程方法的应用举例——系统集成

复杂的网络技术，是智慧系统的基本支撑

技术发展至今，网络的复杂性已远远超出常人的直觉。网络需要有架构，节点需要能通信；通信需要有介质，信号需要能传输；网络需要分地址，交换需要能寻址；信息需要安全，传输需要能纠错；等等。所有这一切都是实现智慧系统的基础，都需要各种各样的网络技术来做支撑。正是这些不断发展的新技术在逐步改善着网络性能，其中以5G为主要象征的移动通信技术、以区块链技术为标志之一的互联网技术是最主要的组成部分。

网络是系统的基础。网络由许多复杂的元素构成。从网络拓扑结构到网络传输介质，从网络通信技术到网络交换技术，从网络接入技术到网络寻址技术，从网络安全技术到区块链技术，这些技术既是网络的支撑，又体现着网络的发展脉络和技术方向。

4.1 拓扑结构，网络的架构

网络拓扑结构是网络的架构。拓扑结构如何，就决定着网络的基本特征及性能如何，以及网络的可扩展性如何。

4.1.1 什么是拓扑结构

以拓扑学的定义，拓扑结构是指网络中各节点之间相互连接关系的表达形式。一般来说，拓扑结构有总线型拓扑、星形拓扑、环形拓扑三种基本类型，以及演变或组合出的树形拓扑、网形拓扑等，如图4.1所示。

计算机网络拓扑结构就是指将计算机等相关网络设备用传输介质把互相连

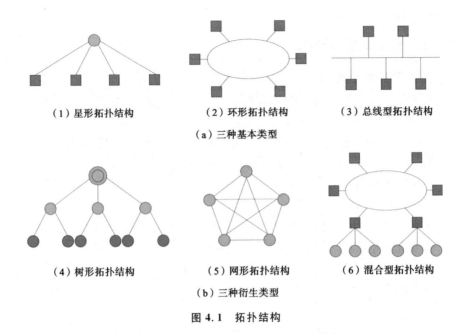

（1）星形拓扑结构 （2）环形拓扑结构 （3）总线型拓扑结构

（a）三种基本类型

（4）树形拓扑结构 （5）网形拓扑结构 （6）混合型拓扑结构

（b）三种衍生类型

图 4.1 拓扑结构

接起来的物理布局,能够表示出网络配置关系。没有特别指出时,一般就将计算机网络拓扑结构称为网络拓扑结构。其结构类型和拓扑学定义是一致的。

4.1.2 基本型拓扑结构

1. 总线型拓扑结构

总线型拓扑结构是用公共总线连接所有设备组成网络,所有设备共用一条总线。

主要优点是网络结构简单,可靠性较高,实现扩充容易;

主要缺点是通信范围有限,故障诊断和隔离较困难。

2. 星形拓扑结构

星形拓扑结构的特点是一个中心节点和若干个节点相连,每个节点与中心节点连接的通信线路都是独立的。

主要优点是实施集中控制,易于管理,也容易进行故障诊断和故障隔离;

主要缺点是电缆需求量大,中央节点负荷重,该节点设备故障会导致网络瘫痪。

3. 环形拓扑结构

环形拓扑结构是将各个节点通过通信线路组成环形闭合回路,环形回路中的数据沿固定方向传输。

主要优点是节点传输延迟确定,路径选择简单,电缆需求量小;

主要缺点是环形闭合回路中的任意节点设备故障都将直接造成网络瘫

痪,网络故障的检测也比较困难。

4.1.3 衍生型拓扑结构

1. 树形拓扑结构

树形拓扑结构的信息交换主要在上下节点之间进行,这种上下结构是一种层次结构,节点按层次连接,同层或相邻节点之间一般不进行数据交换。

主要优点是特别适合于信息的汇集应用,扩展与维护方便,也较容易进行故障隔离;

主要缺点是各个节点对根节点的依赖性很大,缺乏资源共享能力。

2. 网形拓扑结构

网形拓扑结构的特点是所有节点之间可以进行没有规则的任意连接。

主要优点是系统可靠性高,比较容易扩展;

主要缺点是网络结构复杂,节点通信必须依靠路由算法,通信质量必须依靠流量控制方法。

3. 混合型拓扑结构

混合型拓扑结构是指网络不是一种单一的拓扑结构,由两种或两种以上的拓扑结构共同组成网络。

主要优点是可以对网络的基本拓扑取长补短;

主要缺点是网络配置难度大。

4. 蜂窝拓扑结构

蜂窝拓扑结构因拓扑结构形如蜂窝状而得名,是无线通信及无线局域网中常用的结构,如图 4.2 所示。

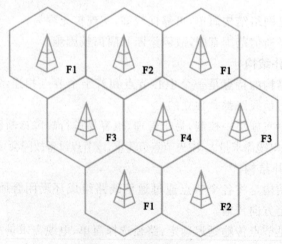

图 4.2 蜂窝拓扑结构

主要优点是无需架设物理连接介质；

主要缺点是适用范围较小。

现实环境中的网络，都是根据实际需要进行设计和建设的，拓扑结构要复杂得多，不是采用上面这些类型划分就可以直接描述的。但基本的拓扑结构及其特点是我们设计和分析网络的基础。

4.2 传输介质，网络的车马道

网络传输介质是网络的重要组成部分，是各节点之间相互联系的媒介或通道。根据其物理形态不同，传输介质可分为传导型介质和辐射型介质两大类。

4.2.1 传导型介质

传导型介质是指能够传输信号的导体，如图 4.3 所示。金属导体被用来传输电信号，通常情况下由铜线制成，常见的有双绞线和同轴电缆等。光纤导体被用来传输光信号，有各种类型的光缆。

双绞线　　　　　　　同轴电缆　　　　　　　光纤

图 4.3 传导型介质

1. 双绞线

顾名思义，双绞线是由两根相互绝缘的铜导线交叉绞在一起，其特点是两根导线在传输中辐射的电波会相互抵消，增强抗干扰能力，提升传输质量。其类型有非屏蔽双绞线（UTP）和屏蔽双绞线（FTP 和 STP）。

非屏蔽双绞线主要用于模拟语音通信，也支持数字信号传输。主要优点是价格低廉，主要缺点是衰减大，抗电磁干扰（EMI）能力弱。根据工艺不同，可分为一类线到五类线。

铝箔屏蔽双绞线（FTP），带宽较大、抗干扰能力强。六类线多采用这种形式。

独立屏蔽双绞线（STP），其主要特点是不但有外层金属屏蔽层，电缆内部的每一对双绞线还分别有一个铝箔屏蔽层,七类线就是这样的结构形态。它具有适用于高速数据传输的良好的保密性能,适合从电子邮件到多媒体视频的各种信息传输。

2. 同轴电缆

同轴电缆采用单根实心导体,导体一般为铜质或覆以铜的铝质,外层是一层金属屏蔽网,可以传输高频信号,衰减低,抗电磁干扰能力强。在视频监控系统和有线电视系统中大量采用同轴电缆。

3. 电力线

所有通信设备都需要电源供电,直流或交流的方式都有。供电的电力线是天然的通信传导介质,对通信信号进行载波调制就可以通过电力线进行传输,这就是所谓的电力线载波通信(power line carrier communication,PLCC)。这种方式的最大优点就是经济便捷,缺点是需要专门的抗干扰措施。

4. 光纤

光纤是光导纤维的简称,用来传导光信号。光纤按材料成分来分,有石英纤维、多组分纤维、塑料纤维等;按光纤折射率来分,有单模光纤(singlemode fiber)和多模光纤(muitimode fiber)。单模光纤是指在给定的工作波长内只以单一模式进行传输,信息传输性能优越;多模光纤是指在给定的工作波长内能以多个模式同时传输,相比单模光纤而言传输性能较差。

光纤有损耗和色散两项主要特性。其中光损耗或称为光衰减(单位为dB/km)是指单位距离的信号衰减量,直接决定着通信传输距离的长短;色散是指光脉冲在光纤传输中发生畸变的程度,是决定误码率的主要因素,进而影响通信质量或信息传输容量。

与其他传导型介质相比,光纤损耗最低,抗干扰性能最强,是最有应用前景的网络传输介质。

4.2.2　辐射型介质

辐射型介质不需要利用导体,信号通过空间从发射器发射到接收器来传输。辐射介质包括无线电波及光波,都可以称为空间波,严格意义上来说,辐射介质就是空间,它的特性会因不同的特性方式发生变化,这将在下面的通信技术概念中一起分析。具体表现形式主要有微波、射频、卫星和激光、红外等形式。图4.4所示的是以一点多址微波通信系统为例,描述了辐射型介质的主要特征。

除卫星通信外,采用辐射介质部署系统,具有速度快、成本低、便携等特点。但对于无线电波来说,有两大缺点:第一是传输性能特别是稳定性受空间影响;第二是无线电频谱资源有限,受到严格管制,获得成本非常高。

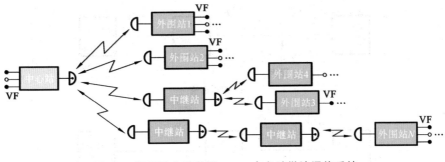

图 4.4　辐射型介质举例——一点多址微波通信系统

4.3　通信技术，网络的运输队

网络内部的联系都要靠通信技术来实现。在第 1 章我们谈到从驿站到电话的过程，这就是人类通信的发展史。从电报开始，人类社会就进入现代通信阶段。4.2 节介绍了传输介质，这些介质都是为通信提供通道的。现在，我们介绍有关通信技术的基础概念。

4.3.1　通信技术，大体系的学科

通信技术门类庞杂、概念繁多，无法一一列举。根据不同的原则，有着不同的分类。下面简单介绍一些实用的分类方法。

（1）根据传输介质划分，可分为传导通信和辐射通信。

传导通信主要有电缆通信、电力线载波通信和光纤通信等形式；

辐射通信主要有微波通信、短波通信、中波通信、长波通信、卫星通信、激光通信、红外通信等形式。

（2）根据信号特征划分，可分为模拟通信和数字通信。

数字通信与模拟通信的根本区别是抗干扰能力强，经过多次中继再生干扰不会叠加，如图 4.5 所示。

（3）根据调制与否划分，可分为基带传输和频带传输。

基带传输是指将没有进行调制处理的原始信号（模拟信号或数字信号）直接传输，如市内音频电话、计算机局域网通信；

频带传输是指将原始信号进行频谱搬移（调制）后再传输，如广播、电视等。对信号进行调制变换主要有两个目的：第一可以根据传输介质特点进行远距离传输；第二可以多路或大容量传输。基础的调制方式有调幅（amplitude

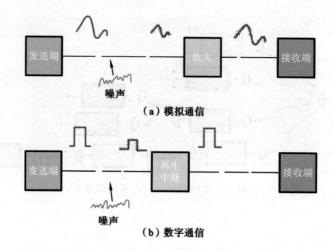

图 4.5　数字通信与模拟通信的根本区别

modulation, AM)、调频(frequency modulation, FM)、调相(phase modulation, PM),如图 4.6 所示。实有的各种调制方式不下百种。

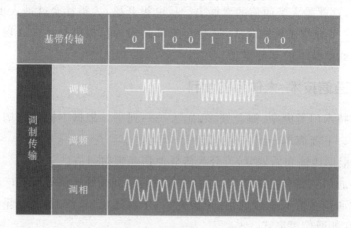

图 4.6　频带传输技术

(4) 根据信号复用方式划分,可分为频分复用、时分复用、码分复用。复用是指同一传输介质传输多路信号或多种信号共用一个传输通道。

频分复用(frequency-division multiplexing, FDM),是对信号进行频谱搬移,让不同的信号占用不同的频率范围,复用同一传输介质进行传输;

时分复用(time-division multiplexing, TDM),是把用于传输信息的时间段划分成若干时隙,让不同的信号占用不同的时隙,复用同一传输通道进行传输;

码分复用(code-division multiplexing, CDM),是对依靠不同的编码来区

分各路不同的信号,复用一个传输通道进行传输。

本质上,这些复用方式也都是调制方式。这些调制方式的共同特点是共享传导介质或共享频谱资源,也常称为多址通信技术,分别称为频分多址(frequency division multiple access,FDMA)、时分多址(time division multiple access,TDMA)、码分多址(code division multiple access,CDMA),如图 4.7 所示。

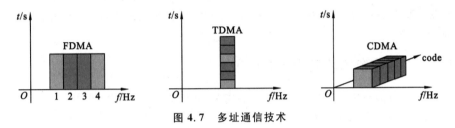

图 4.7　多址通信技术

(5) 根据信号收发特点划分,可分为单工通信、半双工通信、双工通信。

单工通信是指通信设备一端只能发信号,另一端只能收信号,信号的传输只能朝一个方向发送,如广播;

半双工通信是指通信设备两端都能收、发信号,但不能同时进行收发,如收发报机;

双工通信是指通信设备两端都能同时进行收、发信号,如电话机。

(6) 根据数据传输时序划分,可分为串行通信和并行通信。

串行通信是指通信双方遵守时序,按位依次进行传输的一种通信方式。串行通信又分为同步通信和异步通信。

并行通信是指采用并行线方式,多比特数据可同时进行传输,相比较串行通信,并行通信数据传输速度大幅度提高,但传输距离要短得多,如图 4.8 所示。

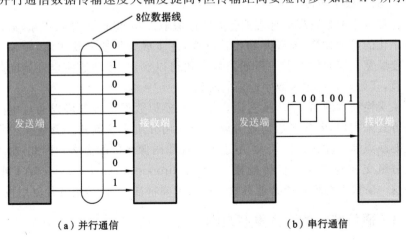

(a) 并行通信　　　　　　　　(b) 串行通信

图 4.8　串行通信与并行通信的区别

(7) 根据业务类型划分,可分为语音通信、非语音通信和多媒体通信。

语音通信也称话务通信,是指电话业务通信。数字通信技术出现之前,通信业务主要是话务业务。

非语音通信是指数据通信、文本通信、图像通信和视频通信等新兴业务。

多媒体通信(multimedia communication)是指将上述的话务业务及非话务业务整合在一个通信系统中来传输,并且还可能包括工业领域的遥测、遥调、遥控等信息。

4.3.2 通信技术的三个发展阶段

现代通信技术经历了一百多年的发展和变革,大致可以划分为三个不同的阶段:模拟通信、窄带数字通信和宽带数字通信。

1. 模拟通信

模拟通信阶段的标志业务为语音通信。20世纪60年代以前,以电缆和短波技术为主传输语音信号,但由于受到传输带宽的限制,传输质量和复用率都不可能很高。这一阶段,电信网以电话网为主要标志,采用的技术基本为频分复用技术。

2. 窄带数字通信

窄带数字通信阶段的标志业务为数据通信。从20世纪70年代开始,随着计算机和大规模集成电路兴起,依靠调制解调器(modem)实现了在电话信道内传输数据信号,数据通信业务得到快速发展。同时,同轴电缆与微波技术广泛应用,卫星通信和超短波移动通信逐步走向实用化,传输线路开始向宽带化发展。这一阶段电信网以数据网为主要特征,广泛采用时分复用技术。

3. 宽带数字通信

宽带数字通信阶段的标志业务为图像通信。20世纪80年代以来,通信技术数字化的速度加快,光缆开始代替电缆,逐步成为传输介质主流,传输频带大幅度展宽。同时微波和卫星通信数字化得以实现,移动通信也开始向数字化过渡,开始全方位迈入数字通信的时代。

从交换技术的角度看,虽然语音信号和模拟数据信号都可以通过电路交换的方式来实现,但数字通信业务就必须采用分组交换制式。分组交换技术的主要缺点是传输延迟比较大,不适于语音和图像通信的需求。因此,出现了高速分组交换制式和异步传输模式(asynchronous transfer mode,ATM)技术。这一阶段电信网以综合业务数字网为主要特征,综合运用各种复用技术。

4.3.3 通信技术的四大发展方向

通信技术虽然也在快速发展,但在21世纪的今天,仍接受着社会日新月异的挑战。通信技术将朝着以下四个方向发展。

(1) 综合化。

多媒体通信代表的综合业务能力体现了通信综合化的发展方向,它不仅需要宽带传输,而且需要高速传输,以适应千变万化的信息时代,下面将作单独介绍。

(2) 智能化。

智能通信代表着通信技术一个全新的发展方向,通信应用网络向用户开放,用户可依据智能数据库灵活控制网络,根据需求自行生成新的通信业务。

(3) 全球化。

现有的通信机制,更多是由于政府管理体制和企业利益博弈形成的。全球通信是普通民众的现实需求,并不存在技术瓶颈,最终能否实现取决于政治家的决断和智慧。

(4) 个人化。

实现万能的个人化通信,几乎是每个人的愿望。个人化通信是指凭借通用的个人通信号码,在任何时间、任意地点,都能完成对个人的各种业务接入。移动通信的高速发展,将是个人化通信实现的主要支撑,下面将作单独介绍。

4.3.4 通信保密技术

网络信息都要靠通信技术来传输,因此通信保密技术成为网络安全技术的基础支撑。通信保密技术也经历了漫长的发展过程。

1. 对称密码技术

对称密码技术,就是说信息接收方解密所用的密钥与信息发送方加密所用的密钥是完全相同的,是对称密码,如图 4.9 所示。通信双方的密钥需要经过安全的通道由发送方传送给接收方。但这种密码体制已经被证明只有在仅用一次时才是完全安全的,再次使用时其安全性将大为降低。研究人员依靠计算复杂度的增加来提高密码的利用率,密钥可用时间的长短取决于对信息安全强度的要求和计算能力的高低。

图 4.9 对称密码通信技术

2. 非对称密码技术

非对称密码技术,就是说信息接收方解密所用的密钥,与信息发送方加密所用的密钥是不相同的,是非对称密码。加密算法、加密密钥和解密算法都是公开的,而只有解密密钥是非公开的,只有信息接收方知道,又称为公开密钥技术。因为解密密钥和加密密钥并不相同,窃听者很难从密文反推原来的消息,只有掌握解密密钥的信息接收方,才能将密文解密以还原原文。

该技术的安全性主要依赖于解密计算的复杂性。例如,著名的 RSA(Ron Rivest,Adi Shamir,Leonard Adleman,三位麻省理工学院研究者姓氏合称)算法,是应用大数分解质因子的原理,公钥是一个很大的数,接收的私钥是公钥的质因数。通常含有的质因子越大,将它们分解出来就越难。虽然没有通过数学理论严密证明这种密钥是无法破解的,但目前采用经典技术原理的计算机要完成这种计算,几乎没有可能,因此说非对称密码技术具有很高的安全性。

3. 量子保密通信技术

然而,量子算法的出现,证明采用量子计算机可极大地缩短进行大数分解的时间,从而可轻而易举破译非对称密码技术的密码体系。总之,基于数学计算复杂性的密码技术体制终将被攻破,能与之抗衡的是全新的量子保密通信技术。

量子保密通信技术的安全性,基于海森堡测不准原理,以及量子不可克隆定理等量子力学中的基本原理,并不靠上述的计算复杂性来保证。量子保密通信技术把光子的量子态作为密钥或者信息载体,收发双方通过量子测量技术,检测出在传输的过程中,这些光子是否遭到了窃听者的截获,若确认遭到窃听,则直接丢弃所传输的密钥或所传输的信息,依靠这种确认机制确保通信过程的安全性,如图 4.10 所示。

图 4.10　量子保密通信技术原理

4.4　多媒体通信技术,通信技术综合化发展方向的体现

在信息处理领域中,多媒体数据已成为越来越主要的信息媒体形式。多媒体通信技术,正在成为信息高速公路建设中的一项关键技术,它能够极大地

提高人们的工作效率,改变人们的生活方式,并将是人们在 21 世纪通信的主要方式。

4.4.1　媒体、多媒体与超媒体

1. 媒体

国际电信联盟(International Telecommunication Union,ITU)将媒体定义为信息表示和传输的载体,并划分为感觉媒体、表示媒体、显示媒体、存储媒体和传输媒体五类。

2. 多媒体

多媒体是指这种载体可以承载多种形式的信息,如文本、图形、图像、声音等。其特点主要有数据种类多样、数据形式多样、数据格式多样、数据量庞大、数据具有时间属性以及版本属性等。图 4.11 描述了多媒体能够覆盖的多种业务内容。

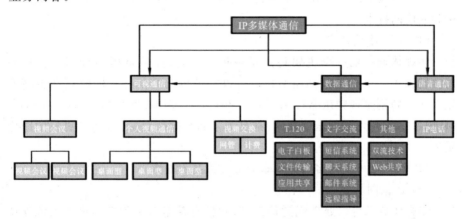

图 4.11　多媒体的业务内容

3. 超媒体

在多媒体通信中另一个常出现的词汇是"超媒体"。超媒体是一种媒体集合,指采用超级链接方法,将互不相同的媒体链接起来形成一个集合。

4.4.2　多媒体通信的特征

多媒体通信技术是一种综合技术,是通信技术、计算机技术、多媒体技术等多个领域技术的综合体现。多媒体通信系统具有集成性、交互性、同步性三个主要特征。

(1) 集成性。

集成性,是指多媒体通信系统具有对各种业务数据信息、多媒体及超媒体

信息、系统信息及应用信息等种类繁多的信息进行存储传输、统一处理和表达的能力。

（2）交互性。

交互性，是指多媒体通信系统中，信息与信息、信息与人、信息与系统、人与系统之间的互动与控制能力。

（3）同步性。

同步性，是指多媒体通信系统中，图像、声音和文字多种形式的信息能够在多媒体终端上以同步方式显示。多媒体通信终端可通过不同途径，把所需信息从各种不同的数据库中提取出来，并把图像、声音、文字这些不同形式的信息同步起来，构成一个完整的、统一的整体信息呈现给多媒体用户。

4.4.3 多媒体通信的关键技术

多媒体通信的关键技术主要包括数据压缩技术、数据同步技术、数据库技术和通信网技术。

（1）数据压缩技术。

多媒体通信的一个主要特点是数据量大，因此数据压缩技术是其核心的关键技术。优秀的数据压缩技术可以提供更低的信号传输时延和更高的压缩比。特别是视频压缩技术，如 H.261、H.263、H.264、MPEG1、MPEG2、MPEG4 等不断发展的压缩技术，都是为了实现这一目标，以达到更好的图像质量。

MPEG7 则可以为多媒体检索业务提供技术支撑。

（2）数据同步技术。

多媒体技术可以处理视觉信息、听觉信息甚至触觉信息。可是系统支持的媒体类型越多，不同媒体之间的同步问题处理起来也就越复杂。多媒体系统中的同步处理主要有交互同步、通信同步和表达同步等。这些同步处理之间相互影响、相互制约。其中，通信同步要求是其他同步功能的基础，是多媒体系统同步的最基本要求。通信同步是一种合成同步技术，其作用就是将不同媒体的数据流按一定的时间关系进行合成，从而实现同步。

（3）数据库技术。

由于多媒体数据存储结构和存取方式的特殊性，就产生了一种不同于普通数据库的多媒体数据库系统。多媒体数据库的主要特点是能对具有时空属性的数据进行同步和管理，能够有效实现多媒体数据的存储、读取、检索等功能。

数据模型技术是数据库的主要技术。关系数据模型、面向对象的数据模型和超媒体数据模型，是多媒体数据库的三类主要数据模型。多媒体数据库管理系统的功能也因数据模型的不同有着很大的不同,上述后两种数据模型可以支持多媒体数据对象之间的时态关系、空间关系及语义关系的处理,但关系数据模型只实现多媒体数据的存取,不支持这种处理。

语义模型技术、数据索引和组织方法、适合于媒体同步和集成的数据模型等是多媒体技术研究的主要方向。

(4)通信网技术。

通信网络是传输基础,是多媒体应用的根本依靠。多媒体通信比其他通信业务,对通信网络的带宽、通信交换方式及通信协议都有着不同的要求:

① 通信网络应具有足够的可靠带宽;

② 通信网络交换节点应具有高吞吐量;

③ 通信网络应具有优良的传输性能,如同步、时延、误码率等;

④ 通信网络应具备拥塞控制、服务质量控制等不断提高网络性能的能力。

这些都是多媒体通信良好发展所必备的技术条件。也就是说,多媒体通信系统应该具有高带宽、高可靠性、时空约束能力强等技术特点。

4.5 移动通信技术,个人化通信发展的主要支撑

2019 年 6 月 6 日,中华人民共和国工业和信息化部(简称工信部)正式向三大电信运营商(中国电信、中国移动、中国联通)和中国广电发放 5G 商用牌照,这一事件标志着 2019 年成为中国 5G 的商用元年。

2019 年 9 月 10 日,在国际电信联盟布达佩斯 2019 年世界电信展上,中国华为公司发布了《5G 应用立场白皮书》,向全球用户展望了各种各样的 5G 应用场景,呼吁全球的行业组织和监管机构,积极推进 5G 标准协同,共同为 5G 的商用化提供可靠的资源保障与良好的商业环境。

2019 年 10 月,工信部颁发了国内第一个 5G 无线电通信设备进网许可证,5G 基站入网获得批准,5G 基站设备正式接入公用电信商用网络。

5G 是第五代移动通信技术的简称。5G 正式投入应用,标志着移动通信进入了一个全新的时代。从 1G 到 5G,更是从一个侧面反映了整个移动通信技术筚路蓝缕的进程,如图 4.12 所示。

4.5.1 第一代移动通信技术(1G),"大哥大"横行天下

1G 规划于 20 世纪 80 年代初,完成于 90 年代初,模拟传输制式。1G 的特点是通信业务量小、通信质量差、通信安全性差。1G 采用的是语音模拟调

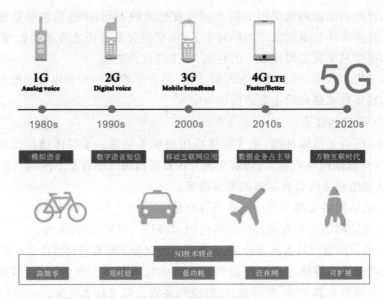

图 4.12 从 1G 到 5G

制技术。

4.5.2 第二代移动通信技术(2G),GSM 让诺基亚崛起

2G 起源于 20 世纪 90 年代初期,主要采用 GSM(全球移动通信系统)技术制式,GSM 超过了 CDMA 和 PDC 等其他 2G 技术。随着技术标准的不断完善,2G 业务和性能不断扩展和改进,通信质量和容量不断提升。

到了 2G 后期,引入了 GPRs(general packet radio service,通用分组无线服务)技术和 EDGE(enhanced data rate for GSM evolution,增强型数据速率 GSM 演进)技术,使 GSM 能够与计算机和 Internet 相连接,为 GSM 移动电话用户提供移动数据业务,数据传送速率可达数百 Kb/s,初步具备了支持多媒体业务的能力,被分别称为 2.5G、2.75G。

4.5.3 第三代移动通信技术(3G),移动多媒体到来

2000 年初 3G 开始应用。3G 通信的标准有三大分支:WCDMA、CDMA2000 和 TD-SCDMA,也被统称为 IMT 2000。3G 最显著的标志,是可以提供如高速数据、慢速图像与电视图像这样的宽带信息业务,这是 1G 和 2G 产品不能提供的。数据传输速率大幅度提高,像 WCDMA 的传输速率最大可达 2 Mb/s。但是,中国提出的 TD-SCDMA 制式由于未能解决高速移动的性能问题,因此没有得到继续发展。

3G 带来的重大变化是让移动通信离开了 E1/T1 线路并在 IP 数据包内传输流量。

2007 年,乔布斯发布 iPhone,标志着智能手机时代的到来。2008 年,支持 3G 网络的 iPhone3G 发布,人们可以通过手机来浏览网页及收发邮件,还可以收看直播、进行视频通话等。人类正式步入了移动多媒体时代。

4.5.4　第四代移动通信技术(4G),开启移动互联网时代

中国的 4G 时代开始于 2013 年 12 月。4G 技术主要依靠 WiMAX(world interoperability for microwave access,全球微波互联接入)和 LTE(long term evolution,长期演进)两个系统提供支持。4G 推出了全 IP 系统,彻底取消了电路交换技术。它使用 OFDM(orthogonal frequency division multiplexing,正交频分复用)技术来提高频谱效率,使用 CA(carrier aggregation,载波聚合)及 MIMO(multi input multi output,多输入多输出)等技术进一步提高了 4G 整体网络容量。

4G 系统下载速率可达 100 Mb/s,是拨号上网速度的 2000 倍,上传速率也能达到 20 Mb/s,可以满足大多数用户对于移动数据服务的要求。

4.5.5　第五代移动通信技术(5G),万物互联新天地

5G 是移动通信技术的又一场革命,数据传输速率最高可达 10 Gb/s,比 4G 快 100 倍;网络延迟可低于 1 ms,远低于 4G 的 30～70 ms,如图 4.13 所示。5G 提供了统一融合的标准,可实现人与人、物与物以及人与物之间自由、高速和安全的联通。

5G 即将渗透到社会的各个角落。它可突破时空限制,提供史无前例的交互体验,如虚拟现实;它能够通过万物互联,拉近人与万物的距离;在战争、疫情、自然灾害等发生时,它能够提供准确实时的应急通信服务。

5G 关键技术涉及许多方面。5G 还在发展过程中,下面介绍的技术,有的还在完善或研究之中。

(1) 超密集异构网络技术。

5G 的商用将推进更多类型的智能终端快速普及,移动数据流量将继续呈现爆炸式增长。在 5G 网络中,减小通信半径,增加低功率节点数量,为不同结构的网络提供便捷接入,是保证 5G 网络支持上千倍流量增长的核心技术之一。因此,超密集异构网络技术成为 5G 网络提高数据流量的关键技术。

(2) 自组织网络技术。

自组织网络(self-organizing network,SON)技术主要解决两个关键问题:

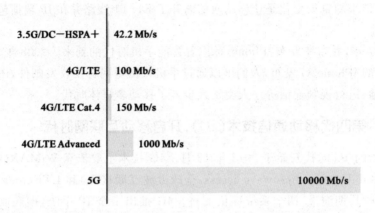

性能指标	用户体验速率	连接数密度	时延	移动性	峰值速率	流量密度
取值	0.1~1 Gb/s	100万/km²	数ms	>500 km/h	数十Gb/s	数十Tb/s/km

效率指标	频谱效率	能效	成本效率
相对4G改善倍数	5~15倍	>100倍	>100倍

图 4.13　5G 与 4G 的比较

在网络部署阶段,如何实现自规划与自配置;在网络维护阶段,如何实现自优化和自愈合。

在 5G 网络中实现这一关键技术,将解决传统移动通信网络部署及运维中的成本问题和效果问题。

(3) 内容分发网络技术。

内容分发网络(content distribution network,CDN)技术,主要是解决针对大流量的业务内容,如何有效地进行分发,让用户能够低时延获取信息。这一问题是内容提供商与网络运营商共同面临的一大难题。CDN 技术将能够提升 5G 网络的容量、保证用户的访问效果。

(4) D2D 通信技术。

设备到设备通信(device-to-device communication,D2D)技术是 5G 网络中的关键技术之一。D2D 技术通过设备到设备直接通信的方式减轻了基站压力,相当于提高了 5G 网络的频谱利用率和网络容量。5G 网络丰富的通信模式也带来更好的终端用户体验。

(5) 信息中心网络技术。

信息中心网络(information-centric network,ICN)技术是一种新型的网络体系结构,不同于传统 TCP/IP 网络,它不是以位置为中心,而是以信息为中心,目的也是为了能够满足海量数据流量分发的要求,以解决大规模实时音频和高清视频服务量增加带来的难题,ICN 技术的发展目标是将来能够取代 IP 技术。

(6)移动云计算技术。

智能手机、平板电脑等移动设备能够支持大量的应用和服务。万物互联将对智能终端的计算能力和服务质量提出越来越高的要求。5G 网络创新服务离不开移动云计算这项关键技术。

(7)SDN/NFV 技术。

SDN/NFV(software-defined networking,软件定义网络;network function virtualization,网络功能虚拟化)技术是一种新型的网络架构技术和网络构建技术,对提升 5G 网络的可扩展性和安全性都有着重要的作用。同时,无线网络中存在着大量的异构网络并且难以互通,SDN 技术将是打破这一僵局的有效手段。

(8)情境感知技术。

情境感知(context awareness)技术能够使 5G 网络主动、智能、及时地向用户推送所需的信息。该技术是普适计算(ubiquitous computing)技术研究的延伸。

普适计算技术是一种新型的计算形式,具有适应性、及时性等特点。情境感知技术采用传感及无线通信等技术,感知当前情景,并分析和确定获得的情境信息,主动、智能、及时地把最相关的信息推送给用户,而不需用户主动发起信息请求,然后大海捞针般地搜寻需要的内容。

需求推动技术进步,技术也在促使需求升级。5G 刚刚开始应用,6G 已在布局研发。

4.6 互联网技术

互联网并不是经过网络规划或标准制定而形成的,而是由许多既有的局域网,通过需要经由不同方式相互连接不断发展形成的。因此,互联网的许多技术,都是在发展过程中不断产生、不断完善的。

4.6.1 互联技术

Internet,从英文的字面上理解就是"网间网",这也是逻辑拓扑的观点。或者说,互联网是不同的局域网通过路由设备互联而形成的网络。

单个局域网有自己的数据链路层协议,也有自己的寻址格式,一个局域网中的计算机,它们在数据链路层是连通的,可以共享信息资源。但不同协议的局域网之间无法沟通,因为它们在数据链路层的协议不兼容。

通过对由数据链路层承载的网络层制定出统一标准,并统一分配网络层地址,采用第 3 层的寻址设备来寻址,不同协议的局域网就能在网络层互联互通,从而形成"网间网"(Internet),也因此产生了"网间网协议"IP(Internet Protocol),以及专门用于网络层寻址的设备——路由器。

除了 IP 协议,互联网还使用许多网络通信协议,统称为 TCP/IP 协议,有关这一部分内容将在下一章介绍。

4.6.2 IP 地址的设置与分配

互联网和一般物理网络不同,一个用户只要连入一个物理网络,就可以和该物理网络中的所有其他用户通信;而一个物理网络上的用户要想进入互联网,就必须要获得一个互联网地址。

互联网地址是一个 32 位的 IP 地址,每一个连接在 Internet 上的主机都将分配到一个 IP 地址。这个地址是该设备在互联网中唯一的标识,由网络信息中心(Network Information Center,NIC)来分配。NIC 是互联网地址授权分配机构。

考虑到不同网络的差异性,同时也为了便于管理 IP 地址,Internet 把 IP 地址分成 A 到 E 五个类别,如图 4.14 所示。

A 类地址:一般分配给拥有大量主机的网络,如主干网;

B 类地址:适用于节点比较多的网络,如区域网;

C 类地址:适用于节点比较少的网络,如校园网;

D 类地址:是一种组播地址,提供给有组播应用的系统使用;

E 类地址:备用。

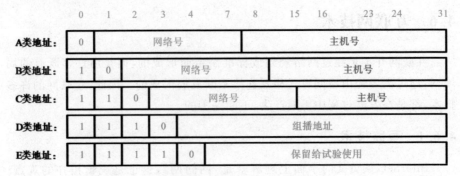

图 4.14　IP 地址的分类

4.6.3 寻址技术

就像我们寄信时需要写出收信人所在的国家、城市、街道、门牌，才能准确地寄到指定的地方一样，互联网资源在网络上必须有唯一标识它的名字——标识符，同时还得有相应寻找到该资源地址的一套机制，称为寻址机制或解析机制，对应的这种技术就是寻址技术。寻址技术能够使得互联网上的资源（站点）更容易记忆和传播。

互联网资源的寻址技术，是网络资源之间相互发现并实现相互通信的基础技术，是互联网的核心技术之一。发起通信的资源，依靠一定的寻找机制或解析机制找到通信接收方资源的过程就是寻址。解析过程需要依赖于各种不同的标识方法。每个资源在互联网中必须是唯一可标识的，这种标识称为资源标识符。资源标识符，是指用特定的方法对互联网资源本身进行描述，是对互联网资源的命名。

互联网技术与应用的不断发展，催生了多种不同的资源命名和解析技术。

1. DNS

DNS(domain name service，域名服务)，创建了域名与 IP 地址之间相互对应的解析关系，域名通常用数字、字母等字符来表示，这种对应解析关系也叫"域名解析"。通过域名与 IP 地址的映射可以实现网络寻址，这种寻址服务技术在互联网中使用最广泛，DNS 查询过程如图 4.15 所示。IP 地址是一串长长的数字，记忆很不方便。域名的诞生，以一个简单形象的英文符号替代了枯燥抽象的 IP 地址，带来传统互联网的革命。例如，上海博物馆在注册了域名 shanghaimuseum. net 后，访问地址可以表示为 www. shanghaimuseum. net，就不用记忆 IP 地址一串长长的数字了。每个域名只能有一个 IP 地址，也只能有一个所有者，DNS 的域名解析可以让我们每次访问时，看到的都是唯一的一个网站。

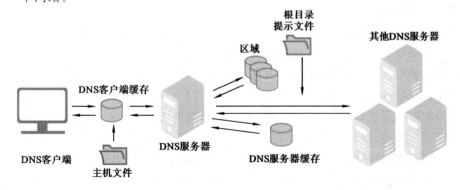

图 4.15　DNS 查询过程

DNS 域名由各级域名管理机构分配管理,并且只能由网络管理员创建和管理域名,之外任何人都没有这一权限。因此,这种集中管理模式非常适于管理域名。

2. X. 500/LDAP

随着互联网的快速发展,为了能够加强对不断增长的各类网络资源的管理,需要一种通用的网络资源命名系统。但是,DNS 自身的特点限制了它在这方面的应用,不适合用作资源命名系统。

为此,OSI 和 ITU 共同制定了一种新的协议 X. 500 和 LDAP(lightweight directory access protocol)用于提供互联网的目录服务,LDAP 是 X. 500 的简化版本。它们利用一系列协议定义了一种数据和信息模型,进行全球名字查询和搜索,主要目的是提供名址服务,包括提供电话号码和邮件地址。由于最初设计时考虑不够全面,X. 500 和 LDAP 实现过程遭遇了很多问题和困难。

3. URI/URN

URI(uniform resource identifier,统一资源标识符)、URN(uniform resource name,统一资源名)、URL(uniform resource locator,统一资源定位符)、URC(uniform resource citation,统一资源引用符)是系列化的统一资源标识与命名的组合概念,是一种统一的、可扩展的标识互联网资源的命名方法。

URI 是结合 URL 和 URN 技术而提出的。URL 技术有一个很大的缺点,当资源的存放地点发生变动时,URL 必须做相应的改变。这样才出现了 URN、URC、URI 等新的资源表示方法,URN、URL 都是作为 URI 的子集存在,如图 4.16 所示。URN 确定了关于 URI 永久命名空间的注册机制,用于解决 URI 存在的一个大问题,就是无法为资源提供永久不变的名称的问题。在某些场合,URL、URN 与 URI 是等价的。

URI/URN 是很重要的互联网命名技术,能够被用来设计成多种空间标识命名及解析系统。

4. Handle System

在互联网中,由于缺乏统一管理,相同资源不断反复出现,不必要地反复占据存储空间,而且不利于人们有效使用这些数字资源。一种新的概念 DOI(digital object identifier,数字对象唯一标识符)出现了,研究人员希望能够将本质相同但可能物理位置不同或表现形式不同的数字对象标识出来,以便对数字对象描述、管理和利用,能够构建开放式数字信息环境。其中全球应用最广、也是出现最早的 DOI 系统 Handle System,对行业发展影响深远。

Handle System 是一个分布式互联网数字对象的命名与标识系统。Handle System 中的 Handle,就是指这些数字对象的标识。该系统的作用是给网

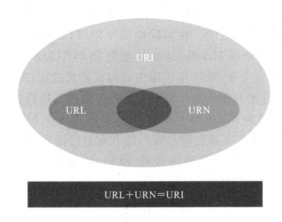

图 4.16　URI、URN、URL 之间的关系

上数字资源分配、管理 Handle 标识符,并提供解析服务。

Handle System 的设计目标主要有:

(1) 每个 Handle 都是全球唯一的和永久的;

(2) 一个 Handle 可以指向一个资源的多重应用实例,也可以指向一个资源的多重属性;

(3) 任何地域的命名空间都可以通过注册加入 Handle System 中,变成全球性的命名空间,命名空间可以使用世界上的大部分字符,使 Handle System 具有很强的语言兼容性;

(4) 系统能够实现分布式管理,每个 Handle 都可以定义其所有权,并调用自己的管理工作;

(5) 系统可以采用灵活的分布式服务,避免将服务任务集中于一处,提高效率;

(6) 安全的命名服务与高效的解析服务。

与以上其他寻址技术相比较,Handle System 具有根本的不同,它的工作目标就是要真正实现命名系统的通用性,并且能够容纳巨大的互联网数字资源量。虽然 URI/URN 也是为了一样的目标,但 Handle System 站位更高、更远。Handle System 本身的独立性,使它可以在任何情况下不依赖于 URI/URN,并且可实现更多更全面的功能;另外,Handle 也可以注册为一种 URN 命名空间。也就是说,可以将 Handle 作为一种类型的 URN 来使用,以丰富 URI/URN 的方案。

Handle System 由"互联网之父"、图灵奖获得者、TCP/IP 协议联合发明人罗伯特·卡恩(Robert Kahn)领导的 CNRI(Corporation for National Research Initiatives,美国国家创新研究所)于 1995 年研发实现,并长期负责运行

管理。该项目由 DARPA(美国国防部高级研究计划署)资助,2005 年才正式取消对商业机构使用的限制。在国际电信联盟(ITU)和 CNRI 的共同努力下,负责运营与管理全球 Handle 标准的组织 DONA(Digital Object Numbering Authority)基金会于 2014 年在瑞士日内瓦正式成立,中国也成为创始成员之一。Handle 标准开始作为互联网发展的关键性基础设施,交由多个国家共同管理,并在世界多个国家部署根服务器,各国成立 MPA(multi-primary administrator,多主根服务器管理机构),拥有对自己国家的 Handle 标准运营和服务的自治权,DONA 提供整体管理、维护,并促进多个 MPA 间的协作。DONA 的组织架构如图 4.17 所示。

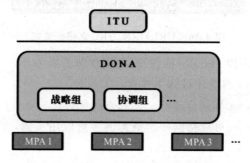

图 4.17　DONA 组织架构

之后,Handle 标准在中国的应用开始得到官方大力支持,成为或将要成为"国家物联网标识管理公共服务平台""食品质量安全信息追溯体系""医药行业全程信息共享示范系统""工业 4.0 信息服务平台""现代服务业共性关键技术支撑体系""食品全程透明供应链"等应用的主要技术支撑。未来在物流领域、互联网金融领域、汽车制造业领域、车联网乃至智慧城市等领域都有可能得到应用。

网络在不断发展,技术在不断进步。比如物联网,到底什么样的寻址技术会成为其主流选择,让我们拭目以待。

4.6.4　网络交换技术

有了网络,就需要网络交换技术来完成信息的交换任务,交换是信息传输的重要环节。网络交换技术经历了以下发展阶段:电路交换技术、报文交换技术、分组交换技术和 ATM 技术。

1. 电路交换技术

传统的电信网络基本上采用的都是电路交换技术,如公众电话网(PSTN 网)、移动网中的 GSM 网和 CDMA 网。电路交换技术的特点是面向连接的,通信双方在通信期间需要分配到并占用一条专门的通信电路,主要适用于传送与话音相关的业务。这种方式的优点是可以保证通信质量、时延小、实时性强、设备成本也低。但同时缺点很明显,就是网络带宽资源浪费,显然不适合于互联网通信的需要。

2. 报文交换技术

报文交换是分组交换的前身,其基本特点是面向无连接、进行存储转发的。这种技术适应了数据通信业务的特点。报文是报文交换的传送单元,由于报文长短差异大等因素,除了公用电报网外,其应用受到很大限制,也不适合计算机网络。

3. 分组交换技术

分组交换技术克服了报文交换技术中报文长短差异大的缺点,按照一定的长度将需要传送的数据分割成许多小段数据,并在小段数据前增加头部字段,头部字段包括地址信息和数据校验等功能,这样的数据传送基本单元,称为分组。采用分组交换技术,兼顾了传输时延和传输效率,可以根据网络的能力来动态分配带宽以满足用户的动态需求。与电路交换相比,分组交换提高了电路利用率高,但代价是时延变大。

电路交换、报文交换与分组交换技术的比较如图 4.18 所示。

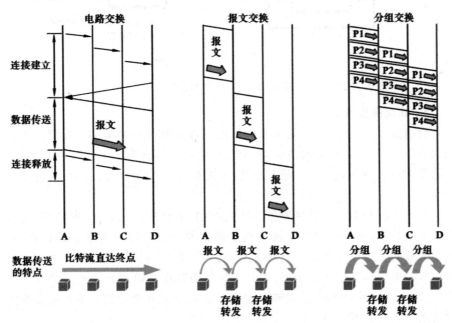

图 4.18　电路交换、报文交换与分组交换技术的比较

4. ATM 技术

ATM(asynchronous transfer mode,异步传输模式),是一种可以同时提供电路交换和分组交换的技术,具有分组交换和电路交换的双重优点,并且同时向用户提供统一的服务,包括话音业务、数据业务和图像信息。ATM 技术结合了面向连接及分组双重机制,虽然建立连接,但并不独立占用某个物理通信通道;在网络中传送和交换的分组可以同时包含数据、语音和图像等多种媒体信息。ATM 在传送高速数据业务时也可以保证 QoS(quality of service,服务质量),但复杂的 ATM 技术使得设备造价高昂,严重限制了此项技术应有的发展。ATM 技术原理如图 4.19 所示。

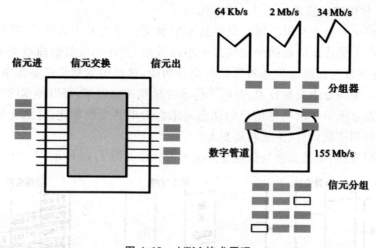

图 4.19　ATM 技术原理

5. 软交换技术

毋庸置疑,分组交换网是未来网络的基础。但传统网络都是耗费巨资建设起来的,不可能在短期内消失,实现分组交换网与现有的 PSTN 互联互通,并推动 PSTN 逐步地向 IP 网络过渡,需要依靠软交换(soft switch)技术的应用。

软交换的基本含义是将业务与呼叫控制、承载建立相分离,使控制、交换功能独立起来,业务提供者通过与控制协议的结合可以自由定义传输业务。其中依赖的软交换设备是一个分布式交换/控制平台,可实现呼叫控制相关功能。这一平台基于软件而实现,独立于网关而存在。通过开放业务接入与交换协议,允许多种业务接入,能够构建多厂商共享的业务运营环境。软交换技术的系统应用如图 4.20 所示。

软交换是未来网络交换的核心,其目的就是以分组技术为基础,实现新旧网络融合和自然过渡,保护投资,降低运营成本,建设能够不断产生新业务、更

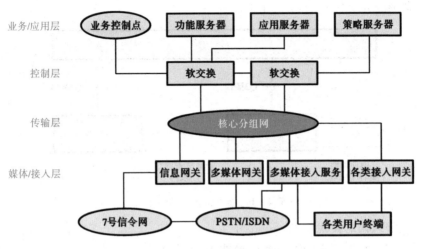

图 4.20　软交换技术的系统应用

有竞争力的下一代公众网。

4.6.5　接入网技术

接入网虽然是一个专业术语,实际上是距离我们最近的网络专业分支。经历过家庭数据通信从无到有过程的人们都还记得,我们大致经历了电话线上网、网线(双绞线专线)上网、有线电视上网、光纤入户、4G/5G上网等不同的阶段或方式,这一切反映的正是接入网的发展历程。所谓接入网就是指我们终端用户要接入骨干网络,这之间包含的所有设施。其一般有几百米到几千米的距离范围,也常常被称为"最后一公里"。这"最后一公里"则是体现网络应用价值的关键一公里。

1. 接入网的定义

随着 IP 的发展以及新一代接入网的兴起,对于核心网(CN)应该包括什么内容,用户驻地网(CPN)包括什么内容,虽然仍有不同的看法,但总体上应该认为接入网是这么一个范围的内容:它能提供诸如传输、复用、交叉连接等承载电信业务的功能,可以通过网管系统来配置、管理。

国际电信联盟(ITU)对接入网(AN)作出如下定义:

接入网由业务节点接口(SNI)和用户-网络接口(UNI)之间的一系列传送实体(如线路设备和传输设施)组成,为供给电信业务而提供所需传送承载能力的实施系统,可经由管理接口(Q3)配置和管理。原则上对接入网可以实现的 UNI 和 SNI 的类型和数目没有限制。接入网不解释信令。接入网可以看成是与业务和应用无关的传送网,主要完成交叉连接、复用和传输功能。对接入网范围的界定如图 4.21 所示。

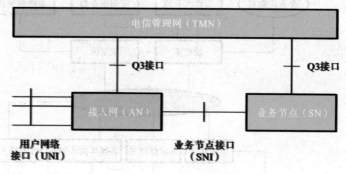

图 4.21　接入网范围的界定

2. 接入网的实现技术

接入网在通信网中面广量大,因此耗资最大,运行工况最为恶劣,并且其成本的敏感性,导致技术更新最慢。无论在哪个阶段,都是核心网(CN)和用户驻地网(CPN)先升级应用各种新技术,而接入网领域的技术应用明显滞后一个到两个发展阶段,接入网技术一直是一个瓶颈,制约着通信发展。虽然接入网宽带化、数字化工作历来都十分重要,但接入网面对千家万户,出于实用性与经济性的考虑,任何一种正在使用的技术手段都不会轻易退出历史舞台,众多技术共存共生的局面将会一直存在。

宽带接入网的技术种类多种多样,有以双绞铜线为介质的 DSL(数字用户环路)技术和以太网技术,以同轴电缆为介质的 HFC(混合光纤同轴)技术,以光纤为介质的各种有源、无源技术和以无线为介质的宽带接入技术等。详细技术分类如图 4.22 所示。

3. 接入网的特征

接入网的主要特征有以下几点:

(1) 对于接入业务提供承载能力,不应限制现有的各种接入类型和业务;

(2) 对业务实施透明传送,不对信令和业务进行处理;

(3) 接入网具有独立于业务节点的网络管理系统,并与 TMN(电信管理网)相连接,由 TMN 实施操作、维护和管理。

4. 接入网的发展趋势

接入网的重要性将会随着社会的发展与日俱增,特别是物联网技术的快速发展,对接入网的发展提出更高的要求。在未来的发展中,将呈现接入网新技术更加多样、标准化程度越来越高,接入网自身越来越复杂、可服务范围越来越大等趋势。

接入网	有线接入网	铜线接入网	数字线对增益(DPG);高比特数字用户线(HDSL);不对称数字用户线(ADSL)	
		光纤接入网	光纤到路边(FTTC);光纤到大楼(FTTB);光纤到户(FTTH)	
		混合光纤	同轴电缆接入网(HFC)	
	无线接入网	固定无线接入网	微波	一点多址(DRMA);固定无线接入(FWA)
			卫星	小型天线地球站(VSAT);直播卫星
		移动接入网	无绳电话;蜂窝移动电话;无线寻呼;卫星通信;集群调度	
	综合接入网		交互式数字图像(SDV);有线+无线	

图 4.22　接入网的技术类别

4.6.6　网络安全技术

网络已经深入到社会生活的方方面面,因此网络安全日益成为重大的社会安全问题,甚至是重大的国家安全问题。2019 年 5 月,《信息安全技术网络安全等级保护基本要求》《信息安全技术网络安全等级保护测评要求》《信息安全技术网络安全等级保护安全设计技术要求》等国家标准正式发布,对网络安全等级保护提出了更高要求,进入了等级保护 2.0 时代,图 4.23 所示的是等级保护 2.0 安全要求框架。

网络安全是指网络系统及其硬件、软件能够正常可靠地运行,系统中所涉及的信息能够得到有效保护,网络服务连续不中断。其中的信息安全需求,是指通信网络给人们提供信息查询、网络服务时,保证服务对象的信息不受监听、窃取和篡改等威胁,以满足人们最基本的安全需要(如隐秘性、可用性等)的特性。网络安全既包括网络物理安全,也包括网络信息安全。对网络信息安全的定义也有很多种,ISO 的定义为:为数据处理系统采取的技术和管理的安全保护,保护计算机硬件、软件、数据不因偶然的或恶意的原因而遭到破坏、更改和泄露。

网络安全威胁主要来源于恶意攻击、人为失误以及网络软件的漏洞(如 TCP/IP 协议的安全漏洞、操作系统的安全漏洞等)和"后门"等。网络安全威胁有着多种表现形式:窃听敏感信息;传播机密信息;伪造或篡改通信信息;拒绝服务攻击(攻击者通过某种方法使系统响应减慢甚至瘫痪,阻止合法用户获得服务);行为否认(使通信实体否认已经发生的行为);非授权访问(假冒身份

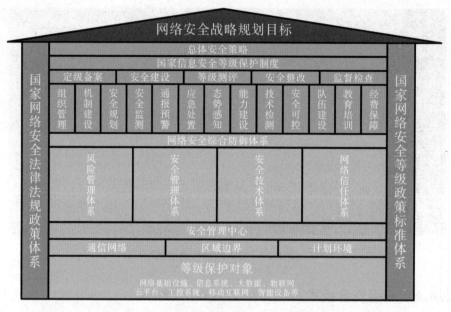

图 4.23　网络安全等级保护 2.0 安全框架

攻击、非法用户进入网络系统进行操作、合法用户以未授权方式进行违法操作等);传播病毒等。

网络安全是一个高度复杂的概念,需要多方面协作才有解决问题的可能性。网络安全需要实现以下基本目标:通信实体身份的真实性可鉴别;机密信息不会泄露给非授权用户;防止数据被非授权用户破坏;合法用户对资源的使用不会被不正当地拒绝;防止实体否认其已发生行为;用户对资源的使用方式可控,等等。实现网络安全的各种目标需要依托全方位的网络安全技术,如图4.24所示。

1. 物理安全技术

物理安全技术主要是保证网络硬件设施具有一个安全的工作环境,包括免受自然灾害破坏、合适的温湿度及防尘空间、良好的电磁兼容性、可靠的供电电源、完备的安全管理制度等。

2. 访问控制技术

访问控制技术主要是为了防止网络资源被非法使用和非法访问,是网络安全防范的核心技术之一。常见的访问控制技术有:

(1) 入网访问控制技术,主要是对用户名、用户口令、用户账号的管理与控制;

(2) 网络权限控制技术,主要是对目录、子目录及各种网络资源访问权限

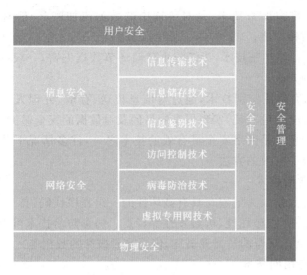

图 4.24　全方位的网络安全技术

的管理与控制;

(3) 属性安全控制技术,网络的属性可以保护重要的目录和文件,防止被误删除、修改等;

(4) 网络服务器安全控制技术,可以设置口令及服务器登录时限等,以防止非法用户破坏;

(5) 网络监测和锁定控制技术,对网络用户访问情况应实施记录,对非法访问服务器应进行报警,恶意用户的账户将被自动锁定;

(6) 网络端口和节点安全控制技术,通过对网络中服务器的端口和节点进行加密及验证身份等措施提升安全性;

(7) 防火墙控制技术,可以阻止网络中的黑客访问某个机构网络,在网络边界建立网络通信监控系统来隔离内部和外部网络,以阻挡外部网络的侵入,防火墙主要有包过滤防火墙、代理防火墙和双穴主机防火墙等类型;

(8) 入侵检测(intrusion detection)技术,入侵检测是防火墙的有效补充,它通过对网络中关键点信息进行收集和分析,寻找违反安全策略的情形,发现被攻击的迹象,帮助系统抵抗外部攻击。

3. 数据加密技术

在 4.3.4 节中,已经对通信加密技术进行了讨论,其中 RSA 算法在公钥密码算法中最有影响,能够有效抵抗已知密码的攻击。对数据的安全性和保密性来说,数据加密技术是防止秘密数据被攻击破解所需要的主要技术措施。数据加密技术主要分为以下几种:

（1）数据传输加密技术，是对传输中的数据流加密，一般有线路加密和端一端加密两种方法；

（2）数据存储加密技术，为了防止存储环节数据失密，一般有密文存储和存取控制两种方法；

（3）数据完整性鉴别技术，通过对信息传送、存取、处理人员身份及有关数据内容进行全方位验证，实现保密的目的及对数据的安全保护。

数据加密技术是网络安全最有效的技术之一，许多情况下甚至是防止窃听与攻击的唯一有效的方法。

4. 病毒防治技术

网络病毒是指人为地编写具有破坏性的一组程序代码，具有寄生性、传染性、潜伏性、隐蔽性、破坏性、可触发性等特点。病毒防治技术可以及时发现病毒入侵，有效阻止病毒的传播和破坏，恢复受到破坏的数据等。

5. 虚拟专用网技术

虚拟专用网络（virtual private network，VPN）技术的核心是采用隧道技术，将专用网络的数据加密后，透过虚拟的公用网络隧道进行传输，建立一个虚拟通道，看起来两者是在同一个网络上一样，可以安全且不受限制地互相存取，从而防止敏感数据被窃。

网络安全的各种新技术还在不断涌现。量子通信加密技术及区块链安全技术的发展，将会使网络安全的局面发生质的变化。然而道高一尺魔高一丈，网络安全领域将一直处于"安全"与"反安全"的博弈中。从国家安全的角度出发，我们需要更加关注网络的物理安全。硬件、软件、系统以及规则都应该具有真正的独立性，华为、中兴曾遇到的困窘才不会重现，才能建立起真正安全的网络，中国拥有这样的实力和行动力，也需要有这样的战略和魄力。

4.6.7　区块链技术

2019 年 1 月，国家互联网信息办公室发布《区块链信息服务管理规定》。2019 年 10 月，在中共中央政治局第十八次集体学习时，习近平总书记强调，"把区块链作为核心技术自主创新的重要突破口""加快推动区块链技术和产业创新发展"。"区块链"快速走进普通民众视野，成为全社会的关注焦点。2019 年 12 月，"区块链"入选《咬文嚼字》杂志 2019 年十大流行语。

一项专门技术成为中共中央政治局讨论的专门议题，史所罕见。可以看出，这项技术一定是关系到国计民生和社会发展的重大技术。那么，区块链技术到底是一项什么样的技术？

1. 区块链技术的定义

2008 年，化名为"中本聪"（Satoshi nakamoto）的个人或团体学者发表了论文《Bitcoin:A Peer-to-Peer Electronic Cash System》(《比特币:一种点对点电子现金系统》),这一论述被公认为是区块链技术的奠基性文献。

像许多新兴的互联网技术一样,区块链技术尚没有统一的、标准的定义,各行各业的专家都有自己的理解和认识。比较有参考价值的是维基百科给出的定义:区块链由包含一系列加盖了时间戳的有效交易的区块组成。每个区块都包含了前一个区块的哈希(Hash)值,这样就把区块连接在了一起。连接在一起的区块形成区块链,并且每一个随后的区块都是对之前一个区块的增强,因此给它取了一个数据库类型的名字。

2. 区块链技术的特征

区块链技术是一项新兴的计算技术,采用了一种全新的去中心化的分布式基础架构和分布式计算模式,利用加密的链式区块结构进行数据验证并存储数据,利用分布式节点共识算法来生成和更新数据,利用智能合约(自动化脚本代码)来编程和操作数据。这些特点为区块链创造了去中心化、时序数据、集体维护、可编程和安全可信等主要特征,如图 4.25 所示。

图 4.25 区块链技术的五大特征

(1)去中心化特征。完全分布式的基础架构打造了区块链内部去中心化这一主要特点。

(2)时序数据特征。带有时间戳的链式区块结构存储时序数据,为数据增加了时间属性,从而具有了极强的可验证性和可追溯性。

(3)集体维护特征。体现在提供激励机制来保证分布式系统中所有节点均可参与数据区块的验证过程,并通过共识算法来选定节点将新区块添加到区块链,系统的规则和机制依赖所有参与者集体维护。例如,比特币的"挖矿"过程就充分体现了这一特点。

(4)可编程特征。灵活的脚本代码系统可以支持用户创建高级的智能合约、货币,可以根据需要开展其他去中心化应用。

（5）安全可信特征。去中心化基础架构和分布式计算模式建立起了分布式节点间的信任关系，从而形成可信任的分布式系统，使区块链技术具有强大的安全性和可信性。

3. 区块链和区块

从本质上来说，区块链就是一种供参与方共享的电子记账簿，把从一开始到目前发生的全部交易信息或事件，按照时间顺序和记账规则记录下来。其中一个区块就是账簿的一页，从第一页逐页"链接"，直到最新一页。每一页的记账内容（每一个区块）一旦被确认，进行修改操作的难度和代价很大，这一特点是保证其安全可信性的重要支撑。每个区块包含了对应这一段时间内的所有交易信息和区块元数据。

区块链分为三类，即公有、私有及行业区块链。公有区块链是指任何个体或者团体都能共用的区块链，这类区块链最先出现，应用也最为广泛，被认为是"完全去中心化"的；私有区块链指一个公司或个人仅仅使用区块链这一技术进行记账操作，不对外公开，目前金融巨头都在探索自己的私有区块链，既应用到区块链的特性，又能保证安全，这类区块链被认为是"完全中心化"的；行业区块链介于公有链的完全开放和私有链的高度封闭之间，在行业集体内部首先指定多个预选节点为记账人，共识过程由这些预选节点控制，这类区块链被认为是"部分去中心化"的。

区块链技术的基础架构模型如图 4.26 所示。完全去中心化的区块链，系统一般由数据层、网络层、共识层、激励层、合约层和应用层组成。其中，数据层封装了底层数据区块以及相关的数据加密和时间戳等技术；网络层则包括分布式组网机制、数据传播机制和数据验证机制等；共识层主要封装网络节点的各类共识算法；激励层将经济因素集成到区块链技术体系中，主要包括经济激励的发行机制和分配机制等；合约层主要封装各类脚本、算法和智能合约，是区块链可编程特性的基础；应用层则封装了区块链的各种应用场景和案例。该模型中，基于时间戳的链式区块结构、分布式节点的共识机制、基于共识算力的经济激励和灵活可编程的智能合约是区块链技术最具代表性的创新点。

作为一个各节点共享的数据账本，每个分布式节点都可以通过特定的哈希算法和 Merkle 树数据结构将一段时间内接收到的交易数据和代码封装到一个带有时间戳的数据区块中，形成最新的区块，并链接到当前最长的主区块链上，就生成了最新的区块链。

数据区块是区块链的核心要素，其内部结构如图 4.27 所示。每个数据区块一般包含区块头（Header）和区块体（Body）两部分。区块头封装了当前版本号（Version）、前一区块地址（Prev-block）、当前区块的目标哈希值（Bits）、当前

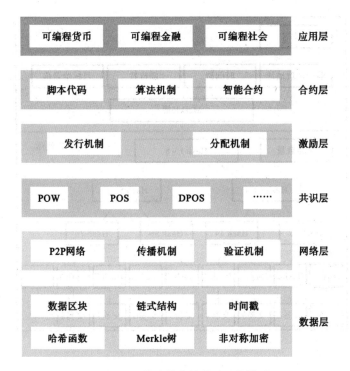

图 4.26　区块链技术的基础架构模型

区块 PoW 共识过程的解随机数(Nonce)、Merkle 根(Merkle-root)以及时间戳(Timestamp)等信息。在比特币网络中,每个节点俗称矿工,最先找到正确的解随机数 Nonce 并经过全体矿工验证的矿工将会获得当前区块的记账权。区块体则包括当前区块的交易数量以及经过验证的、区块创建过程中生成的所有交易记录。这些记录通过 Merkle 树的哈希过程生成唯一的 Merkle 根并记入区块头。

哈希算法由哈希函数(也称散列函数)实现。区块链通常并不直接保存原始数据或交易记录,而是保存其哈希函数值。哈希函数值是先将原始数据编码为特定长度的字符串,然后记入区块链,该字符串由数字和字母组成。

Merkle 树是区块链的重要数据结构,其作用是快速归纳、校验区块数据的存在性和完整性。如图 4.27 所示,Merkle 树通常包含区块体的底层(交易)数据库、区块头的根哈希值(即 Merkle 根)以及所有沿底层区块数据到根哈希的分支。Merkle 树运算过程一般是将区块体的数据进行分组哈希,并将生成的新哈希值插入 Merkle 树中,如此递归直到只剩最后一个根哈希值并记为区块头的 Merkle 根。

PoW(proof of work,工作量证明)共识机制是由中本聪在其比特币奠基

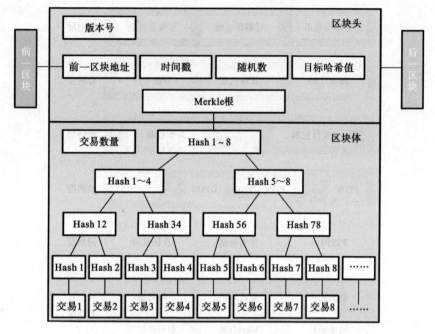

图 4.27　区块的内部结构

性论文中设计的,主要目的是保证数据一致性和共识的安全性,核心思想是通过分布式节点的算力竞争来实现。在比特币系统中,很重要的一件事情就是"挖矿",挖矿的过程就是依靠矿工(即各节点)的计算机算力相互竞争,来一起解决一个求解过程复杂但验证容易的数学难题,哪个矿工先解决了该难题,该节点就可以获得区块记账权,系统自动生成比特币给予奖励。

4. 区块链技术的发展趋势

中心化机构普遍存在的高成本、低效率和数据存储不安全等一系列问题,区块链技术为此提供了有效的解决方案。比特币的快速发展,推动了区块链技术的研究与应用呈现出爆发态势,被认为是计算领域在大型机、个人计算机、互联网、移动/社交网络之后的第五次颠覆式创新,是人类信用进化史上继血亲信用、贵金属信用、央行纸币信用之后的第四个里程碑。

区块链技术的底层技术框架具有普适性,可以在金融、经济、科技甚至政治等各社会领域发挥作用,并可能带来深刻变革。一般认为,区块链技术的发展将出现三种模式:

(1) 区块链1.0模式。区块链技术以可编程数字加密货币体系为主要特征,如比特币已经打造出一个生态圈,如图4.28所示。

(2) 区块链2.0模式。区块链技术以可编程金融系统为主要特征,如基于

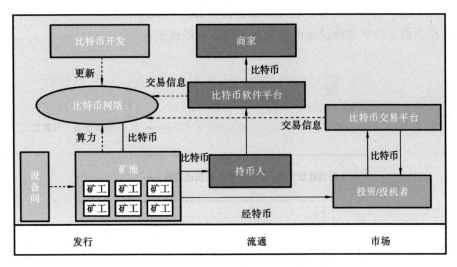

图 4.28 比特币打造的生态圈

区块链技术的股权众筹和 P2P 借贷等各类互联网金融应用。

（3）区块链 3.0 模式。区块链技术以可编程社会为主要特征,如基于区块链技术的社会治理、教育培训、选举制度等各类社会应用。

然而,上述模式实际上并非在演进式发展,而是在平行推进,各种模式在同步发展。

区块链 1.0 模式的数字加密货币体系发展得很热,除了比特币之外,涌现出许多种虚拟货币,有的还抱着实现全球货币一体化的宏伟目标,但恐怕只能是一个虚无缥缈的愿景了。

2019 年 6 月,美国公司 Facebook 发布了加密数字货币项目 Libra 的白皮书,希望可以借助其平台 27 亿用户,在全球范围内创建一个低成本的支付系统,为 Facebook 在电商、游戏、新闻等应用场景中的价值变现创造可能性。甚至期待能够锚定多国法币组成"一篮子货币",来建立一个"无国界国币"。这一设想引起国际社会各界的关注。

中国政府高度重视区块链技术在电子货币领域的应用。DCEP（digital currency electronic payment,数字货币和电子支付工具）是中国版电子货币项目,是中国人民银行尚未正式发行的法定数字货币。经过几年的准备,央行已经基本完成顶层设计、标准制定、功能研发、联调测试等工作。在遵循稳步、安全、可控原则下,从 2019 年年底开始在深圳、雄安、成都、苏州进行内部封闭试点测试。DCEP 首批试点机构包括四家国有大行（中国工商银行、中国农业银行、中国银行、中国建设银行）和三大电信运营商（中国移动、中国电信、中国联通）,试点场景包括交通、教育、医疗、消费等多种领域。图 4.29 描述了普通人使用 DCEP 的支付流程。后续将稳妥推进 DCEP 不断出台更多应用。数字货币作为数字经济基础设施的重大意义将逐步体现出来。

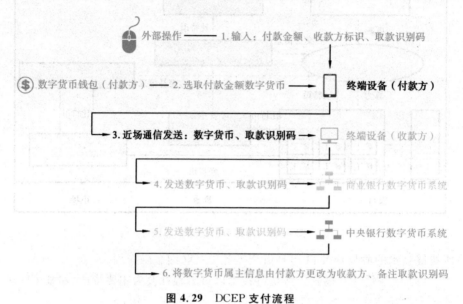

图 4.29　DCEP 支付流程

　　除了电子货币领域、金融领域外，区块链技术已经在开始构建各类去中心化应用(decentralized application, Dapp)、去中心化自治组织(decentralized autonomous organization, DAO)、去中心化自治公司(decentralized autonomous corporation, DAC)，甚至存在着在一定范围内构建去中心化自治社会(decentralized autonomous society, DAS)的可能性。区块链技术可以为分布式社会系统提供一套行之有效的去中心化的数据结构、交互机制和计算模式，并可以为实现去中心化自治社会奠定坚实的数据基础和信用基础。但在人类社会如此复杂的局面下，建立去中心化的自治社会并不只是个技术问题，没有切实可行的自治社会理论和模式作支撑，恐怕都只能是空想。

　　5. 区块链技术存在的问题

　　作为一项技术，区块链技术固然有着许多不可比拟的优势，但同时也有着效率低下、浪费资源、安全风险等需要解决的问题。PoW 共识过程高度依赖区块链网络节点贡献的算力，这些算力除了求解无意义的哈希值和随机数搜索之外，并不产生任何实际社会价值，是一种算力资源的"浪费"，同时还有大量的电力资源被浪费掉。比特币热络催生了专业挖矿设备的出现，让比特币生态圈逐渐成为高耗能的资本密集型行业，这与建设绿色地球的理念不相容。

　　区块链技术快速发展之后，各种竞争的不同币种相继出现，已有其他研究者提出不依赖算力而能够达成共识的新机制，比如点点币的 PoS(proof of stake,权益证明)共识机制、比特股的 DPOS(delegated proof of stake,授权股份证明)共识机制等。这些共识机制都已封装进了区块链共识层,但是由于后发劣势,占比还相当低。虽然这些技术为虚拟货币的发展创造了新机会,但是虚拟货币与主权货币有着天然的冲突,因此可能成为潜在的金融隐患。

当然,如果应用好区块链技术的优势,则能够大大降低金融系统的风险并增强反腐败的能力。另外,如何设计一套行之有效的交互机制,来汇聚和利用分布式共识节点的群体智能,为解决大规模实际问题创造可能性,是一个极具价值的研究方向。

第 5 章

通信协议是系统的灵魂，关系着国计民生

　　网络的功用是为了通信，而通信的规则就是通信协议。不同的网络有着不同的通信协议，通信协议是系统完成工作的基本前提，是系统的灵魂。通信协议的优劣是影响系统实现最终目的至关重要的因素，对智慧型系统特别是巨型的智慧城市系统更是如此。窥一斑而见全豹，通过本章对互联网、物联网、工业控制网、智能建筑系统部分通信协议的分析，我们可以深刻体会到网络通信协议的重要性与复杂性。研发有独立自主知识产权的通信协议对国计民生有着重大的战略意义。

　　正如语言文字是一个民族的灵魂一样，不同的通信协议也是不同网络的灵魂。语言是人类最重要的交流沟通工具，不同的民族语言之间有了翻译机制，也可以实现相互交流。人工智能提供的自动翻译服务日臻成熟，使跨民族语言的交流更为便利。与之相同的是，通信协议既有网络内部的协议，也有网络之间的协议。因此，既可以实现网络内部的通信，也可以实现跨网络的通信。那么，到底什么是通信协议呢？

5.1　什么是通信协议

　　通信设备或通信信道之间要想实现相互通信，它们之间就必须具有能够相互识别的共同的语言。除此之外，按什么方式交流、什么时间交流、交流什么内容都必须遵循某种相互认同的规则。这样的语言和规则就是一种通信协议。

5.1.1 通信协议的定义

通信协议(communication protocol),是指通信实体之间必须遵循能实现通信或交互服务的规则和格式约定。

格式是指语法和语义及时序。

语义表示要做什么,即通信内容,包括数据内容、含义及控制信息等;

语法表示要怎么做,即如何通信,包括数据的格式、编码和信号等级等;

时序表示做的顺序,即何时通信,明确通信的顺序、速率匹配和排序。

5.1.2 通信协议的形式化技术

人们在以前总是采用自然语言进行协议描述。自然语言的优点是方便易懂,但是不精确、不严谨,具有二义性或多义性,容易产生理解上的各种错误,是其难以克服的缺点。为此,必须用形式化方法(formal methods)来规范协议,这就是所谓协议的形式化技术。

协议的形式化技术是指关于协议及服务规范的形式描述、设计验证、实现验证和一致性测试等。随着一系列形式化理论、模型及实现方法等形式化技术不断进步,我们才看到了现在规范的通信协议。通信协议的形式化如图 5.1所示。

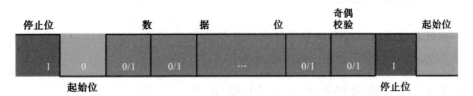

图 5.1　通信协议的形式化

5.1.3 网络通信协议

网络通信协议是网络上所有设备之间通信规则的集合,它规定了通信时信息必须采用的格式和这些格式的意义。因此,网络通信协议是一个协议集或协议栈。

大多数网络都采用分层的体系结构,层次性是网络通信协议的基本特征,如图 5.2 所示。

网络将通信功能分为若干层,任一层只完成分配给它的一部分功能,所有层相互配合共同完成通信功能;每一层只和直接相邻的两层交互,它接受下一

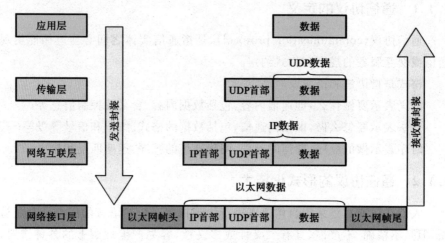

图 5.2　网络的层次性

层提供的服务,同时向上一层提供本层应提供的服务;每一层是独立的,都可以采用最适合本层的技术来实现。

5.2　互联网通信协议

互联网通信协议是最重要的网络通信协议之一,符合网络协议的基本特征。为此,我们专门介绍一下互联网的分层体系结构。

5.2.1　OSI 参考模型和 TCP/IP 模型

1. OSI 参考模型

OSI(open system interconnection,开放式系统互联)参考模型,是由 ISO(International Organization for Standardization,国际标准化组织)制定的一套通用规范集合,目的是为了使全球范围的计算机平台可进行开放式通信。这是一个理论模型,将网络结构划分为七层,即物理层、数据链路层、网络层、传输层、会话层、表示层和应用层。

物理层(第一层)是物理联网媒介,传输原始比特流;

数据链路层(第二层)主要功能是物理寻址及将从网络层接收到的数据分割成特定的可被物理层传输的帧;

网络层(第三层)主要功能是网络寻址和逻辑编址;

传输层(第四层)主要负责确保数据可靠、顺序、无错地从 A 点传输到 B 点;

会话层(第五层)负责在网络中的两节点之间建立和维持通信;

表示层(第六层)担任应用程序和网络之间的翻译工作,对数据进行格式转换、解密与加密、解码与编码。

应用层(第七层)负责对软件提供接口以使应用程序能适应网络服务。

2. TCP/IP 模型

互联网体系结构以 TCP/IP 为核心,也称为 TCP/IP 模型。TCP/IP 模型和 OSI 参考模型一样,都采用了层次结构,但 TCP/IP 模型是四层结构。它们分别是:网络接口层、网络互联层、传输层和应用层。这四层结构与 OSI 参考模型的七层结构对应关系如图 5.3 所示。

OSI模型		TCP/IP模型		主要协议
7	应用层			
6	表示层	4	应用层	HTTP、FTP、DNS、
5	会话层			SNMP、SMTP
4	传输层	3	传输层	TCP、UDP
3	网络层	2	网络互联层	IP、ICMP
2	数据链路层	1	网络接口层	IEEE802系列
1	物理层			

图 5.3 OSI 参考模型与 TCP/IP 模型

网络接口层主要负责利用物理介质将数据流传送给网络;网络互联层主要负责数据分组、路由选择和流量控制;传输层主要负责端到端报文的可靠传输;应用层主要负责提供用户接口和服务支持。在传输层,TCP/IP 定义的主要协议是传输控制协议(TCP)、用户数据报协议(UDP);在网络互联层,TCP/IP 定义的主要协议是网际协议(IP)。

3. OSI 参考模型和 TCP/IP 模型的比较

OSI 引入了服务、接口、协议、分层的概念,TCP/IP 借鉴了 OSI 的这些概念建立 TCP/IP 模型,但对这些概念的定义不够清晰。

OSI 先有模型,后有协议,先有标准,后进行实践;而 TCP/IP 则相反,先有协议和应用再建立模型,且是以 OSI 模型为参照。

OSI 是一种理论下的模型,通用性强,但实现难度大。而 TCP/IP 虽有缺陷,但实用性强,已成为网络互联事实上的标准。

5.2.2 TCP/IP 协议

TCP/IP(transmission control protocol/internet protocol,传输控制协议/网际协议)是互联网的核心技术。TCP/IP 协议不仅指 TCP 和 IP 两个协议,还指能够在不同网络间实现信息传输的一大批协议的集合,包括 FTP、SMTP、TCP、UDP、IP 等。只是因为 TCP 协议和 IP 协议在其中最具代表性,所以被称为 TCP/IP 协议。TCP/IP 协议能够迅速发展起来并成为事实上的标准,是因为它比较好地适应了数据通信发展的实际需要。它具有以下特点:

(1) 协议标准完全开放、使用免费;

(2) 不受限于特定的计算机硬件、网络硬件系统与操作系统使用,完全独立;

(3) 网络中每一设备和终端都具有一个唯一地址,并且统一分配;

(4) 标准化的高层协议,容易实现网络服务的多样化。

TCP/IP 模型是分层结构,这些协议也是分层次的协议,与四层结构相对应。下面分别介绍几个重要的协议。

5.2.3 TCP

互联网中包含许多单个网络。各个网络之间可能都有很大的不同,如不同的拓扑结构、带宽、延迟、数据包大小和其他参数等。TCP 协议的设计目的就是为了能够动态地适应互联网络的这些特性。

1. TCP 的定义与特点

根据 IETF(The Internet Engineering Task Force,国际互联网工程任务组)的 RFC 793 定义,TCP(transmission control protocol,传输控制协议)是一种面向连接的、可靠的、基于字节流的传输层通信协议。它具有以下特点:

(1) 基于流的方式;

(2) 面向连接;

(3) 可靠通信方式;

(4) 在网络状况不佳的时候尽量降低系统由于重传带来的带宽开销;

(5) 通信连接维护是面向通信两个端点的,而不考虑中间网段和节点。

2. TCP 的任务与工作流程

TCP 的主要任务是支持互联网的分层协议层次结构,使互联的计算机通信网络的主计算机中的成对进程之间能够得到可靠的通信服务。

当传输层接收到应用层发送来的数据流,通过 TCP 把数据流分割成适当长度的报文段,之后传输层把这些数据包传给网络层,由网络层来通过网络,将数据包传送给接收端实体的传输层,完成成对进程之间的通信。

3. TCP 基础技术机制

为了保证 TCP 的上述特点,TCP 采取了如下技术和机制。

(1) 数据分片:发送时对数据进行分片,接收时进行重组,确定分片的大小进行过程控制;

(2) 到达确认:接收到分片数据时,根据分片数据序号向发送端发送一个确认;

(3) 超时重发:在发送分片时启动超时定时器,如果在超时之后没有收到相应的确认,发送端重发分片;

(4) 滑动窗口:接收端缓冲区空间大小都是固定的,只允许发送端发送缓冲区所能容纳的数据,滑动窗口的目的是提供流量控制,防止较快主机致使较慢主机的缓冲区溢出;

(5) 失序处理:分片到达时可能会失序,对收到的数据进行重新排序,以正确的顺序交给应用层;

(6) 重复处理:分片传输时会发生重复,接收端必须丢弃重复的数据;

(7) 数据校验:通过首部和数据的检验和,来检测数据在传输过程中的变化。如果收到分片的检验和有差错,丢弃这个分片,不确认收到此报文段,使对端超时并重发。

4. TCP 可靠性分析

TCP 的主要特点就是传输的可靠性,以上技术机制也是为了实现可靠传输。对其中几个要点专门进行一下分析:

(1) TCP 使用三次握手协议建立连接,客户端和服务器之间需要三次信息确认,建立一个连接需要三次握手(用一个男女交朋友过程来比喻,说明得更清晰一些,如图 5.4 所示),而终止一个连接要经过第四次握手。这种建立连接的方法可以防止产生错误的连接。

(2) TCP 用一个校验和函数来检验数据是否有错误,在发送和接收时都要计算校验和,同时进行相关认证和数据加密,以确保数据的正确性。

(3) TCP 采用超时重传和捎带确认机制,确保不会漏传丢失数据。

(4) TCP 采用滑动窗口协议进行流量控制,特别是其拥塞控制算法得到高度评价,该算法主要包括慢启动、拥塞避免、快速重传、快速恢复等四项主要措施。

5.2.4 IP

IP(Internet protocol,网际互联协议)又称网际协议,它规定了将数据从一

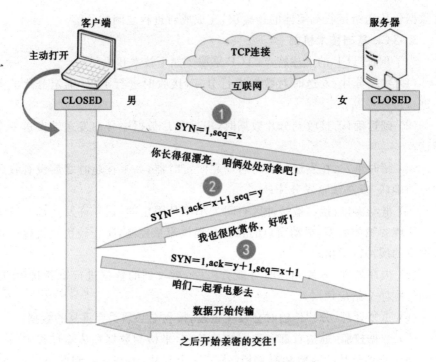

图 5.4　TCP 连接的三次握手

个网络传输到另一个网络应遵循的规则,是 TCP/IP 协议的核心,属于网络互联层协议。根据我们的直觉,互联网应该是真实存在的,其实它只是一个虚拟网络,本质上是由所有希望能够相互通信的计算机局域网,利用 IP 协议连接了起来,才形成互联网。

1. IP 的特点

IP 是一个无连接的、不保证可靠传输的、点对点的协议,只能尽力传送数据,不能保证数据的可靠到达。具体地讲,它主要有以下特点:

(1) 提供无连接数据报服务,各个数据报(见图 5.5)独立传输,可能沿着不同的路径到达目的地,也可能不会按序到达目的地;

(2) 不含错误检测或错误恢复的编码,不保证可靠传输(位于上一层的 TCP 提供错误检测和恢复机制,以保证可靠传输);

(3) 作为一种点对点协议,IP 数据报携带源 IP 地址和目的 IP 地址,进行数据传输时仍遵循成对进程对等传输原则;

(4) 基于尽力(best effort)传输的原则,效率高,实现简单。

2. IP 的任务与工作流程

IP 的任务是对数据报进行寻址和路由选择,并从一个网络转发到另一个

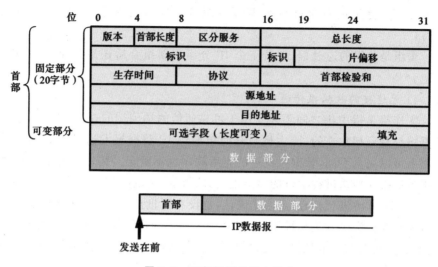

图 5.5　IP 数据报的基本格式

网络。IP 在每个发送的数据包前加入控制信息（包含地址信息等），通过路由器传送数据报，而路由器则依次通过下一网络将数据报传送到再下一个路由器，一直传送到目的主机为止。

3. IP 基础技术机制

1）IP 地址

在 4.6.2 节，我们已经介绍过 IP 地址有关内容。IP 规定网络上所有的设备都必须有一个独一无二的 IP 地址。IP 地址用来识别网络上的设备，它由网络地址和主机地址两部分组成。网络地址位于 IP 地址的前段，用来识别设备所在的网络；主机地址位于 IP 地址的后段，用来识别网络上设备。

IP 设计时，着眼于路由与管理上的需求，制定了 5 种 IP 地址等级，最常用的是 A、B、C 类三种等级。5 种等级分别使用不同长度的网络地址，是为了适用于大、中、小型不同网络。

2）IP 路由

在互联网中传送 IP 信息包，除了确保网络上每个设备都有一个唯一的 IP 地址之外，网络之间还必须有传送的机制，才能将 IP 信息包通过一个个的网络传送到目的地。该传送机制称为 IP 路由。

各个网络通过路由器相互连接。在 IP 路由的过程中，由路由器负责选择路径，传送 IP 信息包。

3）IP 信息包的分割与重组

在发送 IP 信息包时，一般选择一个合适的初始长度。受经过的中间物理网络特性的限制，IP 会把这个信息包的数据部分分割成若干个较小的 IP 分组,一个 IP 分组由首部和数据两部分组成。分组的动作一般在路由器上进行。

重组是分组的逆过程,把若干个 IP 分组重新组合后还原为原来的 IP 信息包。

4) 无连接的数据报传送

无连接是指主机之间不建立用于可靠通信的端到端的连接,IP 处理后的数据报都是互相独立的,源主机只是简单地将 IP 数据报发送出去,数据报传输路由可以完全不同,数据报抵达的先后顺序也不确定。传送具有不可靠性,是指数据报在传送过程中可能会出现丢失、重复、延迟时间大或者次序混乱等现象,但 IP 并不进行检查,不回送确认,也没有流量控制和差错控制功能。如果数据报在传送中发生某种错误,IP 有一个简单的错误处理算法:丢弃该数据报,然后发送 ICMP 消息报给信源端。这就是所谓的尽力投递(best-effort delivery)原则。

4. IP 版本

IPv4(Internet protocol version4,网际协议第 4 版)是 TCP/IP 协议使用的数据报传输机制。数据报是一个可变长分组,由两部分组成:首部和数据。首部长度可由 20~60 个字节组成,该部分包含有与路由选择和传输有关的重要信息。

IPv4 优点很多,但有其天然的缺点:

(1) 虽说有多重技术可以提高 IP 地址使用效率,但无法彻底解决 IP 地址要耗尽的问题;

(2) 对实时音频和视频最小传输时延的要求,没有策略,也没有预留资源支持;

(3) 对某些有数据加密和鉴别要求的应用,无法提供支持。

IPv6(Internet working protocol version6,网际协议第 6 版),是为了解决问题而研发的新版本。在 IPv6 中,确定了很多新的原则,包括 IP 地址格式、分组长度、分组的格式等。IPv6 分组由基本首部和有效载荷两大部分组成。有效载荷又由可选的扩展首部和来自上层的数据组成。基本首部占用 40 字节,有效载荷可以包含 65535 字节数据。

5. IPv4 到 IPv6 的过渡

要实现 IP 版本的升级,升级过程必须是相当漫长而平滑的。IETF 设计了三种策略来实现平滑过渡,如图 5.6 所示。

(1) 双协议栈策略,一个站同时运行 IPv4 和 IPv6;

(2) 隧道技术策略,两端使用 IPv6,中间使用 IPv4 的网络,中间进行封装

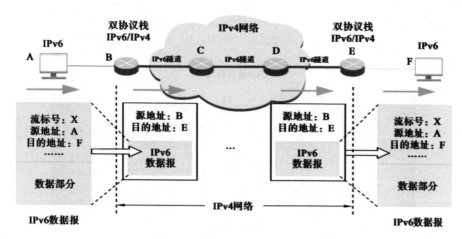

图 5.6　从 IPv4 到 IPv6 的过渡

与解封装过渡；

（3）首部转换策略，一端使用 IPv6，但另一端或一些系统仍然使用 IPv4 时，将 IPv6 首部格式转换成 IPv4 首部格式，IPv6 地址按照一定规则映射转换为 IPv4 地址。

5.2.5　其他互联网通信协议

互联网通信协议是一个庞大的协议体系，下面再介绍几个重要协议。

1. ICMP

ICMP(Internet control message protocol，Internet 控制报文协议)，是 TCP/IP 协议栈的一个子协议，是 TCP/IP 模型网络互联层的重要成员，属于网络互联层协议。

ICMP 用于在 IP 主机、路由器之间传递控制消息，包括报告错误、交换受限控制和状态信息等这些控制消息。当遇到 IP 数据无法访问目标、IP 路由器无法按当前的传输速率转发数据包等情况时，会自动发送 ICMP 消息。虽然它并不传送用户数据，但是对于用户数据的传递起着重要的作用。

ICMP 可以看作是 IP 的一个组成部分，它依靠每个 IP 模块实现目的，与 IP 一样提供无连接服务。ICMP 对于网络安全具有极其重要的意义。

2. UDP

UDP(user datagram protocol，用户数据报协议)，是传输层的一个主要协议，UDP 与 TCP 一样用于处理数据包，两者互为补充。UDP 与 TCP 报文格式的比较如图 5.7 所示。

UDP 为应用程序提供了一种无需建立连接就可以发送封装的 IP 数据包

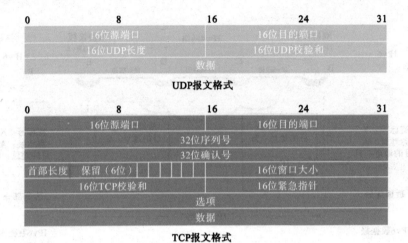

图 5.7　UDP 与 TCP 报文格式的比较

的方法。它是无连接的传输协议,提供面向事务的简单不保证可靠信息传送服务。

　　UDP 的主要用途是能够识别主机上多个目的地址,同时允许多个应用程序在同一台主机上工作,并能独立地进行数据包的发送和接收。另外主要用于不要求分组顺序到达的传输中,分组传输顺序的检查与排序由应用层完成,或者说,UDT 传输的可靠性由应用层完成。

　　UDP 已经使用多年。许多应用只支持 UDP(如多媒体数据流)。当强调传输性能而不是传输的完整性时(如音频和多媒体应用),UDP 是最好的选择。在数据传输时间很短,以至于此前的连接过程成为整个流量主体的情况下,UDP 也是一个好的选择。

　　3. FTP

　　FTP(file transfer protocol,文件传输协议)是一套应用层协议,它允许用户以文件操作的方式与另一主机相互通信。

　　FTP 的目标是提高文件的共享性,可直接使用远程计算机,使存储介质对用户透明、可靠、高效地传送数据。

　　FTP 有着独特优势,它在两台通信的主机之间使用了两条 TCP 连接:一条是数据连接,用于数据传送;另一条是控制连接,用于传送控制信息(命令和响应)。这种将命令和数据分开传送的思想大大提高了 FTP 的效率,这也是它与其他客户服务器程序最大的不同点,其他客户服务器程序一般只有一条TCP 连接。这一优势为基于 FTP 的客户端软件开发带来极大便利。

　　4. SMTP

　　SMTP(simple mail transfer protocol,简单邮件传输协议)是一种提供可

靠、有效电子邮件传输的协议，是建立在 FTP 文件传输服务上的一种邮件服务，主要用于系统之间的邮件信息传递，并提供有关来信的通知。

SMTP 的重要特性之一是能跨网络传输邮件，即"SMTP 邮件中继"。它使用从源地址到目的地址传送邮件的规则，并且控制信件的中转方式。

5. HTTP

HTTP(hypertext transfer protocol,超文本传输协议)提供访问超文本信息的功能，是 WWW 浏览器和 WWW 服务器之间的应用层通信协议。HTTP 协议是用于分布式协作超文本信息系统的、通用的、面向对象的协议。通过扩展命令，它可用于类似的任务，如域名服务或分布式面向对象系统。WWW 使用 HTTP 协议传输各种超文本页面和数据。

HTTP 协议会话过程包括 4 个步骤，如图 5.8 所示。

图 5.8　HTTP 协议的 4 个步骤

（1）建立连接：客户端的浏览器向服务端发出建立连接的请求，服务端给出响应就可以建立连接了；

（2）发送请求：客户端按照协议的要求通过连接向服务端发送自己的请求；

（3）给出应答：服务端按照客户端的要求给出应答，把结果（HTML 文件）返回给客户端；

（4）关闭连接：客户端接到应答后关闭连接。

HTTP 将用户的数据，包括用户名和密码都明文传送，具有安全隐患，容易被窃听到，对于具有敏感数据的传送，可以使用具有保密功能的 HTTPS(secure hypertext transfer protocol)协议。

5.3　物联网通信协议

从物联网的定义来说，它是互联网的延伸，因此，互联网的各种通信协议同时也是物联网的通信协议。本节所述物联网通信协议特指与物联或者传感部分紧密相关的通信协议。根据通信方式不同,物联网通信协议包括有线通信协议和无线通信协议两类。

有线通信协议主要包括 RS-485、RS-232、CAN、以太网、电力线载波(power line carrier)等。5.4.1 节中的现场总线协议都可作为物联网通信协议。中国城镇建设行业协会制定的用于抄表系统标准 CJ/T188—2004、国家电力行业电测量标准化技术委员会颁布的多功能电能表通信协议 DL/T 645—2007 也都属于物联网协议的范畴。最原始的物联技术是模拟量(电流、电压信号等)和开关量(继电器接点等)连接。

无线通信协议同样种类繁多,传感器网络采用短距离通信技术协议都属于物联网无线通信协议,主要包括 RFID、NFC、Bluetooth、ZigBee、UWB、60 GHz 毫米波、IrDA 红外线、WiFi 等通信技术,在 8.6.8 节中有进一步的介绍。另外,还有超远距离通信的 LoRa 技术、不限距离远程通信 GPRS/4G/5G、蜂窝连接方式的 NB-IoT、免申请频段 2.4 GHz 数字无线电台等。

在众多的物联网通信协议中,基于 TCP 的 MQTT 协议以及 LoRa 协议和 NB-IoT 协议受到更多的关注,展示出更大的发展潜力,下面进行单独描述。

5.3.1 MQTT 协议

MQTT(message queuing telemetry transport,消息队列遥测传输)协议,是一种基于 TCP 的发布/订阅(publish/subscribe)通信协议,设计的初始目的是为了适应内存设备极其有限、硬件性能低下以及网络带宽很低、网络状况糟糕状况下的通信,因此非常适合物联网通信。该协议由 IBM 在 1999 年发布,已经成为 ISO/IEC PRF 20922 下消息协议标准。

MQTT 最大优点在于,可以用极少的代码和有限的带宽,为连接远程设备提供实时可靠的消息服务。同时,由于物联网设备必须要连接到互联网,设备才能相互协作发挥作用,而互联网的基础网络协议是 TCP/IP,MQTT 协议是基于 TCP 协议而构建的,因此它的低开销、低带宽占用、即时通信的特性,使其在物联网领域得到更广泛的应用。

MQTT 协议提供一对多的消息发布,可以解除应用程序耦合,信息冗余小。其基本原理如图 5.9 所示。

该协议主要包括三个部分:发布者(publisher)、代理(broker,服务器)、订阅者(subscriber)。其中,消息的发布者和订阅者都是客户端,消息代理是服务器。图 5.9 还举例说明了实际应用过程,一个温度传感器的感应数据通过 MQTT 代理可以向多个终端进行发布。

MQTT 是一种面向连接的协议,它制定了数据字节组织规则并通过

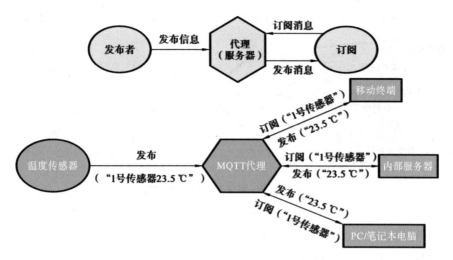

图 5.9　MQTT 协议基本原理及其应用举例

TCP/IP 网络进行有序、无损、双向传输。在互联网网络模型中，TCP 是传输层协议，而 MQTT 是应用层协议，MQTT 正是基于这个构建保证了可靠性。

5.3.2　LoRa 协议

LoRa(long range radio，远距离无线电)，是一种无线扩频调制技术，由法国一家创业公司 Cycleo 的几位年轻人发明。2012 年美国公司 Semtech 收购了 Cycleo 公司，开始基于 LoRa 技术开发系列化的 LoRa 通信芯片解决方案，2015 年与多家国际厂商发起 LoRa 联盟(LoRa Alliance)，并推出不断迭代的 LoRaWAN 规范。LoRa 联盟是一个开放的、非盈利性组织，联盟成员包括芯片厂商、传感器等设备制造商、系统集成商、跨国电信运营商，联盟成立之初就注重生态系统建设，与产业链各环节企业共同合理推动这一技术的商用，形成了一个全球众多厂商支持的广域组网标准体系和广泛的产业生态。

LoRa 采用了高扩频因子的直接序列扩频技术，使其接收端灵敏度非常高；应用了前向纠错编码技术，有效抵抗多径衰落；传输距离在城镇可达 2～5 km，郊区可达 15 km；工作在免申请的 ISM 频段，包括 433 MHz、868 MHz、915 MHz 等；一个 LoRa 网关可以连接成千上万个 LoRa 节点；传输速率从几百到几十 Kb/s；电池使用寿命可长达 10 年。

LoRa 网络架构由终端节点、网关、网络服务器和应用服务器四部分组成，应用数据可双向传输，如图 5.10 所示。网络采用星形拓扑结构，网关以星形方式连接终端节点，但是终端节点的上行数据可发送给多个网关，终端节点与网关没有唯一绑定关系，可灵活组网。

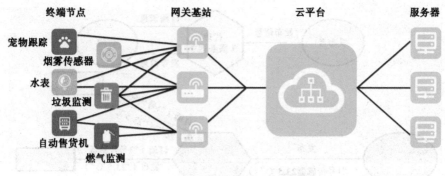

图 5.10　LoRa 网络架构的组成与应用

LoRa 具有功耗低、传输距离远、组网灵活等诸多特性,非常适合物联网碎片化、低成本、泛连接的需求,因此获得广泛认同和应用。因为 LoRa 不依赖于电信网可以独立布局的特点,更适合于企业的独立应用,企业可以自主运营,把运营数据掌握在自己手中,还可以根据业务需要扩展网络,自主快速优化补充、优化网络覆盖,同时可以自主把控网络质量。

在 LoRa Alliance 支持下,由中兴通讯发起,也成立了中国 LoRa 应用联盟(China LoRa Application Alliance,CLAA),旨在共同建立中国 LoRa 应用合作生态圈,推动 LoRa 产业链在中国的应用和发展,建设多业务共享、低成本、广覆盖、可运营的 LoRa 物联网。阿里巴巴和中国铁塔合作,以及腾讯等互联网巨头也相继加入 LoRa 联盟,使这一技术在中国的应用值得期待。

5.3.3　NB-IoT 协议

NB-IoT(narrow band Internet of things,窄带物联网)是物联网领域一个新兴的技术,与 LoRa 技术一样,也属于 LPWAN(low-power wide-area network,低功耗广域网)技术的一种,支持低功耗设备在广域网的蜂窝数据连接,可直接部署于 GSM 网络、UMTS(universal mobile telecommunications system,通用移动通信系统)网络或 LTE 网络,可实现低成本部署。

与蓝牙、ZigBee 等短距离通信技术相比,移动蜂窝网络的特点是广覆盖、可移动、大连接数等,可提供的应用场景更加丰富,作为物联网连接技术有其独特优势。从电信运营商角度看,车联网、智慧医疗、远程抄表、资产跟踪、智能家居等物联网应用产生的连接,与人与人之间的通信需求完全不在一个数量级上,这是电信运营商推动 NB-IoT 技术应用的最大动力。NB-IoT 网络构架与组成如图 5.11 所示。

NB-IoT 的主要特点有:一是广覆盖能力,在同样的频段下,NB-IoT 比现有的网络增益 20 dB,相当于提升了 100 倍覆盖区域的能力;二是强支撑连接

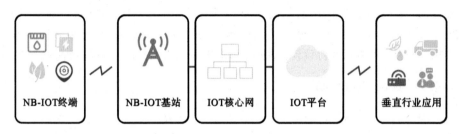

图 5.11　NB-IoT 网络构架的组成与应用

能力，NB-IoT 的一个扇区能够支持 10 万个连接；三是低功耗，NB-IoT 终端模块的待机时间可长达 10 年；四是模块低成本，预期单个 NB-IoT 连接模块将逐步降至 2 美元以下。

　　对于 NB-IoT 标准的发展，华为公司是最早和最主要的推动者。2014 年 5 月，华为和跨国移动通信运营商沃达丰提出了窄带技术 NB M2M；2015 年 5 月与 NB OFDMA 融合形成 NB-CIoT；随后 NB-CIoT 又与 NB-LTE 进一步融合形成 NB-IoT；国际标准组织 3GPP 于 2016 年 6 月完成标准冻结（R13），之后已经历多次标准更新。

　　与 LoRa 体系一样，华为也很注重构建 NB-IoT 的生态系统，除沃达丰外，包括高通、德国电信、中国移动、中国电信、中国联通、Bell 等主流运营商，芯片商及设备系统产业链上下游也都加入了该生态。

　　同属低功耗广域网技术的 LoRa 技术起源于美国，与 NB-IoT 存在竞争关系。美国最初发展物联网，选择 LoRa 等技术，而不是 NB-IoT。但随着 NB-IoT 在中国的快速发展，综合优势不断显现，美国 Verizon、T-Mobile、AT&T、Sprint 等四大运营商终于在 2018 年开始在美国全国开通 NB-IoT 网络。这一局面的变化也为中国的 NB-IoT 模组和解决方案厂商进入美国市场创造了机会。

　　NB-IoT 的良好发展势头，提前帮助 5G 在垂直行业探路。5G 有三个标准，分别是 LTE（授权频道）、LTE-U（非授权频道）和 NB-IoT（授权频道）。随着 5G 时代的到来，NB-IoT 也将逐步演进，成为 5G 重要的组成部分，并且成为支撑 5G 的重要应用场景——mMTC(massive machine type of communica-tion，海量机器类通信，也称为大规模物联网)场景业务的关键支点。

5.4　工业控制网络通信协议

　　工业控制网络广泛存在于各种生产环境中，是现代工业生产制造的基础支撑之一。工业控制网络通信的主要特点是信息短、实时性强,对可靠性、安全性要求高。这一类协议也是其他行业通信协议的先驱,并且为很多行业所借用。目前,现场总线协议使用最广泛,但工业以太网协议更有发展前途。

5.4.1　现场总线协议

现场总线是一种常用的工业数据总线,具有数字化双向通信的特点。它通过总线结构将现场工业设备连接起来,形成一个通信网络,并与其他工业自动化系统或更高层次的智能设备实现双向互联。

所有现场总线通信协议的体系结构都以 ISO 的 OSI 模型为参考,并为适应工业控制系统现场通信的信息短、实时性要求高的特点,许多现场总线通信协议都舍去从网络层到表示层,以降低由于层间操作与转换的复杂性而增加的网络接口造价与时间开销,并将这些层的必要功能作为应用层和数据链路层功能的补充。因此,典型的现场总线协议一般包括物理层、数据链路层和应用层。实际工业现场总线系统架构(举例)如图 5.12 所示。

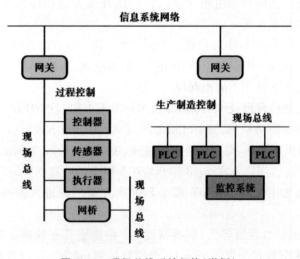

图 5.12　现场总线系统架构(举例)

IEC61158Ed.3 现场总线标准的第 3 版于 2003 年 4 月正式成为国际标准,规定的现场总线协议类型包括 FF、Lonworks、Profibus、CAN、HART、RS-485 等。但因为设计者对现场总线在工业控制系统所起作用的认识不同,以及设计者的目标不同,致使存在多种现场总线协议,不但品种繁多,而且不同产品的主要目标和解决方法也完全不同。

总之,现场总线协议由于其先天原因,还存在诸多不足:

(1) 现有的现场总线协议标准过多,仅 IEC61158 就包含了 8 种,实际应用中常见的也有几十种之多。IEC61158 制定统一的现场总线技术标准的失败，是其发展局限性的标志。

（2）不同总线之间不能兼容，无法实现透明信息互访和信息集成。

（3）由于现场总线是专用实时通信网络，建设成本高。

（4）现场总线通信协议比较简单，通信速度比较低，支持的应用有限，不便于和 Internet 信息集成。另外，工业现场传输的数据越来越复杂，对网络传输速度的要求越来越高，现场总线通信协议局限性更加突显。

5.4.2　工业以太网协议

1. 应用需求推动工业以太网诞生

工业自动化系统，随着网络技术的不断发展，也在向分布化、智能控制化的方向发展。工业 4.0 的概念，是要将整个工厂作为一个完整系统来看待，实现其全面智能化控制和管理，追求企业的经济效益最大化，也就是现代"智能制造"的概念。在中国，这一概念被称为"中国制造 2025"。所以说制造业对自动化技术有了更高需求，要求能够实现工厂信息纵向的透明通信，并能够实现全面信息集成，因此必须有一种开放透明的标准通信协议。以太网技术是一种全数字化、全开放的网络技术，只要符合以太网的规范，不同制造商的设备均可进行互联。工业以太网除了能够实现工业控制设备的互联外，还能实现与企业信息网络的互联，有利于企业整体智能化的实现。工业以太网是工业互联网的基础构成部分，由"中国制造 2025"催生的工业互联网热潮必将使工业以太网在中国工业的应用迈上一个新台阶。

2. 工业以太网概念和通信协议模型

以太网作为现场总线，可以克服传统现场总线技术的缺点，使现场总线技术更容易与计算机网络技术融合，从而实现良性互动、共同发展。

所谓工业以太网，就是实现了以太网 TCP/IP 协议与工业现场总线特点的融合。由于"现场总线"已经成为工业数据通信和控制网络的代名词，所以我们也可以把工业以太网技术纳入现场总线技术范畴。实际工业以太网系统架构（举例）如图 5.13 所示。

工业以太网通信协议模型也可参考 ISO/OSI 模型进行简化，协议划分为高层的应用层、低层的数据链路层和物理层，与现场总线协议模型划分方式一致。而数据的交换和路由选择，还要通过中间层网络的交换和路由设备来实现。为满足通信实时性要求，一般实时数据的传输采用 UDP 实现，其他数据的传输既可用 UDP 也可用 TCP 实现。

3. 工业以太网的特殊性

工业控制系统并不仅仅是一个数据传输的通信系统，最终还要完成系统

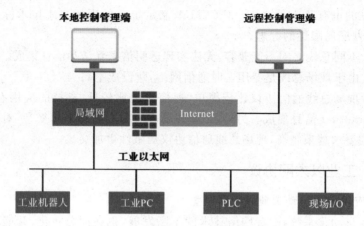

图 5.13　工业以太网系统架构(举例)

的控制功能。它有着不同于商用以太网的特殊应用需求,需要特殊的技术条件来支撑。

(1) 应用层协议应具有开放与互操作性。

商用以太网应用层已经有许多行之有效的应用协议,但这些协议所定义的数据结构等特性,不适合工业控制现场设备之间的实时通信。因此,有必要在 Ethernet＋TCP/IP 协议基础上,制定有效的实时通信服务机制,适应工业现场控制实时和非实时信息的传输服务的需要,形成为制造商和用户所共同接受的应用层协议,作为开放的标准推动工业自动化行业快速进步。

(2) 信号传输应具有实时性与确定性。

与普通数据网络不同,工业控制网络必须满足控制功能对实时性的要求,实时性是其非常重要的一个特点,即信号传输要尽量快且确定,对某些变量的数据还要准确定时刷新。

由于以太网采用 CSMA/CD 碰撞检测方式,网络重负荷时,就会产生网络传输的不确定性,这难以满足工业控制的实时要求,因此传统以太网技术一直被看作非确定性的网络技术。这是一个重要的瓶颈问题。

(3) 应满足工业现场对产品工艺要求的特殊性。

工业以太网在产品设计、材料的选用、产品的强度和适用性等方面都必须满足工业现场的要求,如环境适应性(包括耐振动、耐冲击温度和湿度、耐腐蚀、防尘、防水、电磁兼容性 EMC 等)、可靠性(数据传输的准确可靠)、安全性(隔爆及本质安全)、安装方便(如标准 DIN 导轨安装方式)等。

4. 工业以太网特殊需求的解决之道

虽然存在以上诸多显性原因,但以太网技术不可能脱离原来的管理基础和 DCS 等控制方式独立发展,原有现场总线组织或现场总线产品制造商,为了保护既有利益并继续扩大利益,都拿出了新的工业以太网改进技术方案。他们把原有现场总线体系中的高速部分,采用 TCP/IP 和以太网技术,形成工业以太网协议,如 PROFInet、HSE、Ethernet/IP 等。虽然这些协议仍然不是统一的标准,但能够解决互联的问题。

网络技术的快速发展,为解决以太网的非确定性问题创造了条件。一方面,提高带宽、减少碰撞是最直接的办法,快速以太网技术使网络负荷大幅度减轻、网络传输延时大幅度减小、网络碰撞几率大大下降(但不能够在原理上保证通信的确定性和实时性);另一方面,交换式以太网技术也在发展,全双工通信可以消除网络上的冲突域,半双工通信则更大限度地降低碰撞几率,因此能够更大限度地提升以太网通信的确定性和实时性。

在产品工艺与现场安装工艺方面,为了解决极端条件下,在不间断工作的工业应用场景,网络也能稳定工作的问题,德国 Hirschmann、Jetter AG、美国 Synergetic 微系统公司等,研发了系列化的以工业应用为目标的专用网络设备或专用以太网接口设备。另外,能提供多种适用于工业环境传输介质、接插件、供电及安全方案等,比较好地解决了工业现场网络的抗干扰能力和可靠性问题。

5. 工业以太网的发展现状和发展趋势

目前现场总线体系中,基于以太网的通信协议,除国际标准 IEC61784-1 中包含的 HSE、PROFInet、Ethernet/IP 之外,还包括 EPA、EtherCAT、Ethernet PowerLink、Mod-bus/IDA 等多个方案。Mod-bus-TCP/IP 及其中 EPA (ethernet for plant automation)项目,是中国政府关于"以太网技术应用于工业控制现场设备间通信的关键技术"的"863"计划项目。

在各方全力推动之下,工业以太网技术以其数据传输率、可靠性等综合优势,得到了长足的发展。据美国权威调查机构 ARC(Automation Research Company)报告指出,今后以太网技术不但继续垄断传统网络通信领域,还将垄断工控领域的上层网络通信市场,未来也将一统现场总线的天下。

为了因应这种趋势,国际电工委员会 IEC 起草了 RTE(real-time ethernet,实时以太网)标准,中国科技部也发布了基于高速以太网技术的现场总线设备研究项目,这些工作都是为了真正解决工业以太网的核心问题,如通信的实时性、可互操作性等,并且要研发与这些技术一致的适用于工业控制现场的设备、软件及系统。这一切措施,目的都是为了推动以太网技术在工业控制领域更深入的应用。

由于人们担心以太网技术是否能够完全解决实时性和确定性问题,很多工业控制现场层协议仍然首选现场总线技术。"中国制造 2025"带来的高歌猛进的"工业互联网"运动,无疑将是推动工业以太网技术应用的巨大动力,也许能够快速改变这一局面。真正值得担心的是,原来现场总线组织(或现场总线产品制造商)的现场总线标准之争,将工业以太网技术的快速发展,演变成工业以太网标准之争。虽然人们都希望实现技术标准化、一体化,而现实是行业千差万别,很难用一种技术覆盖所有不同需求。从 IEC61158 的发展历程我们可以想象,工业以太网技术多种协议并存的状况,会不会像现场总线协议那样历经多年无法统一?工业以太网技术什么时候能够完全取代现场总线技术?这一切都有待观察。

5.5　智能建筑系统通信协议

　　与工业自动化比起来,智能建筑算是个新概念。20 世纪 80 年代国际上才开始出现智能建筑的提法,1992 年由中华人民共和国建设部(现为中华人民共和国住房和城乡建设部)组织编制的《民用建筑电气设计规范》中,提出了办公自动化、楼宇自动化的概念,实际上已开始涉及智能建筑的内容。在此之后,中国各有关部门编制了一系列相关标准。

　　国家标准《智能建筑设计标准》(GB/T 50314—2006)对智能建筑(intelligent building,IB)的定义是指,"以建筑物为平台,兼备信息设施系统、信息化应用系统、建筑设备管理系统、公共安全系统等,集结构、系统、服务、管理及其优化组合为一体,向人们提供安全、高效、便捷、节能、环保、健康的建筑环境"。

　　到底什么样的建筑才能称得上是智能建筑?关于智能建筑的标准或等级,为普通民众所熟知的就是"5A":BA(building automation,楼宇自动化)、SA(safety automation,安全自动化)、FA(fire automation,消防自动化)、CA(communication automation,通信自动化)、OA(office automation,办公自动化),如图 5.14 所示。

　　智能建筑过去的发展历史中,大致经历了以下几个阶段:

　　(1) 单功能/专用系统阶段。

　　这个阶段,各个子系统相互之间没有说明联系,各自独立工作。

　　(2) 多功能系统合成阶段。

　　在某些单功能的子系统间实现通信,建立互动关系,形成较多功能的合成系统。

　　(3) 综合系统集成阶段。

　　将多个多功能系统或者更多类型的系统再进行综合性的集成,形成具有

图 5.14　5A 级智能建筑

综合目的与综合功能的大型系统。

（4）一体化系统集成阶段。

利用计算机技术，从全系统的整体需求出发，实现各子系统互联互通，对各子系统功能进行统一协调优化，争取最大可能地打造出全系统最佳总体性能。

由于智能建筑自诞生开始，就没有独立的技术体系，系统技术基本依靠工业自动化技术的民用化。至今为止，也没有形成完整的通信协议体系。大部分关于智能建筑通信协议的研究和应用都集中在楼宇自动化部分，直接的原因，一是这部分需求关系到的多为建筑配套的基础机电设施，较为重要；再者楼宇自动化与工业自动化技术关联度最高，容易实现。因此，初期得到广泛应用的都是工业总线技术，如 Lonworks、Modbus、CANbus 等，后期德国、美国有关团体推出了专门用于智能建筑领域的 KNX/EIB 及 BACnet 协议技术，在世界范围内形成了较大影响力。下面做一下简要介绍。

5.5.1　HBES(KNX/EIB)

HBES(home and building electronic system，住宅和楼宇电子系统)与 KNX 和 EIB 这两个概念相比，"知名度"显然低得多。下面介绍一下它们之间的区别和关联。

EIB(European installation bus，欧洲安装总线)在电气安装布线领域是应用范围广泛的产品标准。1990 年，欧洲多家制造商合作发起成立了 EIBA (European Installation Bus Association，欧洲安装总线协会)，提出了 EIB 总线协议，推动了住宅与楼宇控制通信协议的欧洲标准化和国际标准化。在这个阶段，EIB 作为该总线系统的名称及认证产品标志。到了 1999 年，为了推动标准化进程，EIB 与另外两个欧洲总线 BatiBus 和 EHS 合并，成立 KNXA (Konnex Association，KNX 协会)，KNXA 接管了 EIBA 的技术，并以 EIB 技术为基础，形成 KNX 协议。KNX 取代 EIB 成为总线协议名称，并作为 KNX

认证产品的统一商标。此后,KNX 逐步成为欧洲标准、ISO/IEC 标准、美国标准。2007 年 HBES(KNX/EIB)成为中国标准化指导性文件(GB/Z 20965—2007),并于 2013 年成为推荐性国家标准《控制网络 HBES 技术规范——住宅和楼宇控制系统》(GB/T 20965—2013)。ISO/IEC 标准及中国标准都以 HBES 作为 KNX 技术的定义。虽然 KNX 成为多个国际性的标准,但中国国情不同,从长远看,选择这样一个排他性的国外技术作为中国国家标准,对中国本行业的整体发展弊大于利,主管部门应该关注和重视。

EIB 协议,根据 ISO/OSI 参考模型(OSI/RM)设计,定义了物理层、数据链路层、网络层、传输层和应用层的功能服务。KNX 通信协议以 EIB 协议为基础,集合了另外两个欧洲总线技术 BatiBus 和 EHS 的相关通信媒介和配置技术规范。KNX/EIB 系统架构如图 5.15 所示。

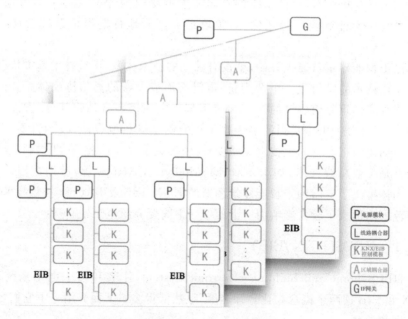

图 5.15 KNX/EIB 系统架构

根据 KNX 的介绍,其主要优势有:

(1)是住宅与楼宇控制领域中唯一开放的国际标准;

(2)严格的 KNX 认证体系,要求所有 KNX 产品的研发和生产必须严格遵从 HBES(KNX/EIB)技术规范,确保不同制造商产品及不同应用的互用性;

(3)通用的、独立于各制造商的软件工具 ETS HBES(KNX/EIB)系统,具有统一编程和调试软件 ETS,该软件独立于各制造商,独立于任何一个 KNX 硬件或者软件产品;

(4) 系统功能基本覆盖了住宅和楼宇控制领域中各类控制需求,如照明、遮阳、HVAC、能源管理、应急照明、安全等。

HBES(KNX/EIB)控制网络可以采用三种通信介质:总线电缆(双绞线)、电力线、RF 868 MHz 无线通信。

中国主要采用的是电缆总线系统,是基于事件控制的分布式系统,系统采用串行通信方式。为了提高通信的可靠性,HBES(KNX/EIB)采用 CSMA/CA(carrier sense multiple access with collision avoidance,载波侦听多路访问/冲突避免)通信协议,保证对总线的访问在不降低传送速率的同时,避免发生碰撞。报文结构中可设置优先级别,对于紧急信息优先处理。报文信号在总线电缆中采用差分技术以对称的方式传输,减少外界电磁干扰。

随着为适应信息技术的飞速发展,基于 IP 网络的通信协议 KNXnet/IP 已经产生,并被正式纳入 HBES(KNX/EIB)控制网络标准。

5.5.2 BACnet

BACnet(A data communication protocol for building automation and control network,楼宇自动化与控制网络通信协议),由美国采暖制冷和空调工程师协会组织的标准项目委员会在 1995 年正式制定,同年成为美国国家标准,并得到欧盟标准委员会的承认,2003 年成为 ISO 的正式标准。

BACnet 也是专用于楼宇自控领域的数据通信协议,但是与 HBES(KNX/EIB)通过定义产品构建网络不同,其目标是为不同厂家生产的产品组成的系统之间,进行信息交流提供平台和支持。BACnet 从设计初衷上就是要集成现有的其他规范和技术,是为实现不同的系统互联而制定的标准。BACnet 提出的网络通信技术,在保护现有不同厂家的技术与产品的同时,可逐渐实现所有楼宇自动化产品的开放性与兼容性。

BACnet 较为详细地描述了楼宇自控网络应该具有的功能,说明了基本单元共享数据的方式、通信媒介,以及信息交换的规则。BACnet 网络通信技术有五种,即 Ethernet、ARCNET、MS/TP、PTP、LonTalk,具体技术的使用选择可根据系统的要求而定,如通信容量、通信速率等。BACnet 协议层次如图 5.16 所示。

BACnet 由美国采暖制冷和空调工程师协会研究推出,它主要为楼宇自控系统,尤其是暖通空调系统服务。它采用面向对象的技术,定义了一组具有属性的对象来表示建筑物内的机电设备。同时,BACnet 也支持除暖通空调系统以外的其他系统,如安保系统、照明系统,但没有对在其他方面的应用进行优化。BACnet 不支持即插即用,如果一个设备控制器发生故障,要更换另一个

BACnet应用层			
BACnet网络层			
ISO 8802-2 (IEEE 802.2)类型1		MS/TP (主/从令牌传递)	PTP (点到点协议)	
ISO 8802-3 (IEEE 802.3)	ARCNET	EIA-485 (RS-485)	EIA-232 (RS-232)	LonTaLK

图 5.16　BACnet 协议层次

厂商的产品则需要重新安装、编程。

　　BACnet 是一种开放性协议,采用 OSI 模型的分层体系结构的概念,根据楼宇自控网络结构比较固定、报文信息短小以及满足系统开放性要求等特点,对 ISO 模型进行了精简,从而更加紧凑、高效。BACnet 通信体系的分层体系结构包含 4 个层次,分别对应 OSI 模型中的物理层、数据链路层、网络层和应用层。BACnet 协议具有 OSI 参考模型的优良特征,并且开销更低、效率更高。协议标准提供了 5 种网络拓扑结构可选方案,这样可以灵活地根据各自的需要来选择使用。协议还规定了控制设备相互通信的基本规则,但实现规则的途径,各制造商可利用多元化的技术自主开发。因此,BACnet 协议制定的初衷,是要能够解决由于各制造商自定义产品标准,而导致系统不能兼容的问题,同时也留给制造商实现手段的自由。

　　为了适应互联网发展的需要,BACnet 标准委员会 SSPC135 中的 IP 工作组也制定了性能较好的 BACnet/IP 协议。BACnet/IP 将 IP 网络作为一个"局域网"来使用,直接支持基于 IP 协议的 BACnet 设备,用 IP 帧接收和发送 BACnet 报文,可以在 IP 网络上有效地进行 BACnet 广播,并允许在网络的任意位置动态地增加和减少设备。

　　虽然 BACnet 协议设计概念很好,BACnet 标准成为 ISO 标准,中国是 ISO 成员国,也是支持 BACnet 标准成为 ISO 标准的国家,但 BACnet 标准在中国应用并不多。原因之一它是非特定企业推动的标准,缺乏利益驱动,原因之二是缺少方便在 BACnet 协议体系应用的产品,应用难度大。

　　无论如何,BACnet 协议设计理念值得我们学习和借鉴。通信协议对于国民经济甚至国家安全的重要性值得主管部门高度重视,政府应该以市场应用为驱动,鼓励中国企业大胆进取,研发有独立自主知识产权的各类通信协议,这一点对国计民生有着重大的战略意义。

第6章 智慧地球与智慧城市，需要依托智慧系统

本章导读

曾几何时，"智慧地球"是一个炙手可热的概念。无论其最终实现的概率有多大，但由此关联出的"智慧城市""智慧乡村"等概念展现出的愿景非常值得肯定。第一是提供社会高效运转的可能性，节约有限的地球资源或城市资源；第二是创造高效的资源配给机制和技术手段，让资源（包括自然资源和社会资源）都能及时地到达有需求的人手中，让人们生活得安心，有幸福感。而这一切概念的支撑就是智慧系统，智慧系统将向着人类智慧特征无穷趋近，不但能够趋近个人智慧，社会管理也需要能够趋近群体智慧。智慧系统技术所具有的"万物互联""万网互通"等十大特征值得我们深度关注。

我们居住在这个蓝色的星球上，战争频仍、灾害不断。虽然自然灾害很难避免，但人为灾害以及与人类活动有关联的自然灾害，则是可以防范的。战争完全是人为的，战争的目的绝大多数是为了争夺资源。原因之一，是因为地球上的各种资源都是有限的，难以满足不断增长的人口的需求；原因之二，是因为缺乏有效的资源配给机制和技术手段，资源无法及时地到达有需求的人手中，特别是灾害发生之时。在笔者写作这段文字的同时，由于抗击新冠病毒疫情的需要，还在帮助协调口罩、酒精、测温设备、消毒剂及消毒设备等物资资源，政府通过多种渠道在征集生产医用防护服压条的压条机设备资源，这种情况也是由于后面一种原因。而这一切都是我们探讨"智慧地球"和实现智慧地球的技术手段——"智慧系统"的缘由。

6.1 智慧地球

2008 年,美国 IBM 公司的首席执行官 Sam Palmisano,进行了著名的关于
"smarter planet"的阐述,IBM 把"smarter planet"中文翻译为"智慧地球"。
2012 年,美国 GE 公司提出"工业互联网"的概念。这两个新概念在全世界范
围(特别是在中国)掀起了智慧城市和工业互联网的热潮。按照他们的设想和
期待,现在技术的发展完全可以解决像这次抗灾所需的任何物资需求(特别是
这些工业产品物资需求),甚至可以防止这种新冠病毒疫情的发生。然而,现
实和理想之间还是有着很远的距离,新概念、新技术的推广应用面临着各种各
样的制约。

"智慧地球"概念的提出,刚好因应了当时全球一体化的大趋势。《世界是
平的》作者 Thomas L. Friedman(托马斯·弗里德曼)在论述这一趋势时,强调
说:"开始于 21 世纪的全球化,正在抹平一切疆界,等级制度正遭到来自社会
底层的挑战,或者正从自上而下的关系变成更为平等合作的关系。"然而,纵观
当前国际形势,可以看到全球一体化的发展并不是一帆风顺的,更难以抹平一
切疆界。智慧地球能否成为现实,除了科学家、工程师的才智和创造,更多地
还要依赖政治家的决断和智慧。如果"人类命运共同体"的理念逐渐得到世界
范围内越来越多政治家的认同,那么智慧地球的梦想是完全可以实现的。

"智慧地球"所追求的主要目标,第一是提供社会高效运转的可能性,节约
有限的地球资源;第二是创造高效的资源配给机制和技术手段,让资源(包括
自然资源和社会资源)都能及时地到达有需求的人手中,让人们生活得安心,
有幸福感。人们不再把物质需求作为自己的第一需求,是人类新文明和旧文
明的分水岭。让我们期待着这一天的早日到来。

归根结底,"智慧地球"不但是一个社会目标,也是一个技术目标,一种技
术手段。如图 6.1 所示的数字化,这简单的"0"和"1"正是"智慧地球"实现的
基础技术。这种技术手段,正是本书探讨的核心之一。

互联网的兴起,作为一种技术驱动,培养出了真正的全球新兴生产力。从
电话到冰箱,从河流到桥梁,物物相联让世界成为一个相互关联的系统体系。
通过物联网、互联网和智慧化,"智慧地球"解决方案会给世界带来改变。这是
有关人类与科技的全面结合,可以带来地球上各个角落无数不同系统的响应。
甚至改变各种系统和处理流程在生活中所起的作用,包括物品的设计、生成、
制造、买卖;各种服务和工作任务的完成;所有事物的流动,包括人类、物品、资

图 6.1　数字化是"智慧地球"实现的基础技术

金、煤炭及各种自然资源;不同国家人们的工作与生活方式。当然,最终的目标是能够创造出一个高效运转的社会体系,以及让人幸福生活的环境。

6.2　智慧城市

　　与智慧地球的概念相比,智慧城市、智慧乡村作为智慧地球的主要组成部分,和我们的关系更紧密一些,因为这就是我们生活的周边环境。城市和乡村对智慧化的需求都很迫切,值得我们先花些心思去关注它们。

　　IBM 公司在"smarter planet"的阐述中,有一个重要的概念是"smarter city",IBM 把它中文翻译为"智慧城市"。本质上,这是一次企业宣传行为,"smarter"这个英文单词,很难表达出中文"智慧"的内涵和外延。中文"智慧城市"希望传递的含义目前在英文中还没有明确的对应的固定表达。

　　一个智慧城市的框架是要将城市基础设施有机地联系起来,将城市运行、城市服务和城市管理的各种解决方案结合起来,实现城市的高效运转。

　　新一代的信息技术、互联网技术充分运用到各行各业,把传感器嵌入、装备到社区、医院、工厂、电网、供水系统、铁路、公路、桥梁、隧道、大坝、油气管道及建筑等,通过实现互联互通形成物联网,而后通过云计算或其他计算设备,提供智慧医疗、智慧教育、智慧交通、智慧市政、智慧金融、智慧消费等更加精细的、动态的、智慧的城市服务,从而提升城市的"智慧水平"。"智慧城市系统"将真正赋能城市,成为城市智慧运转的驱动力,在人、自然系统、商业系统、社会体系等各种组织中发挥作用。智慧元素能像空气一样弥漫在城市运转的角角落落(见图 6.2),并逐步成为人类在城市生活中像空气一样不可或缺的元素。这就是智慧城市实现之路。

图 6.2 弥漫在城市角角落落的智慧元素

从以上可以看出,智慧城市能够实现的核心要素有两点:第一是有一个深入其他基础设施的完全互联互通的网络,并且能够随着城市的发展而扩展;第二是有一个智慧化的运算、分析和决策系统,并且能够随着数学算法、集成电路、存储技术、计算技术、学习技术等各方面技术的进步不断地得到优化。

6.3 智慧城市群

随着区域经济一体化的发展,区域范围内的城市间竞争已不再是主旋律,城市群作为一个更大的经济实体,成为在更宽广的地理空间范围内的竞争主体。发展城市群有利于城市之间资源互补、优势互补,有利于合理配置生产要素、互相促进产业发展,能够让中心城市实现产业聚集,进而对区域内城市辐射带动,让各城市在产业梯次转移中实现自身产业结构的优化提升,使区域经济通过一体化得到良性发展,提高区域经济的整体实力和竞争力。

2018年11月18日,中共中央、国务院发布的《关于建立更加有效的区域协调发展新机制的意见》明确指出,以京津冀城市群、长三角城市群、粤港澳大湾区、成渝城市群、长江中游城市群、中原城市群、关中平原城市群等城市群推动国家重大区域战略融合发展,建立以中心城市引领城市群发展、城市群带动区域发展新模式,推动区域板块之间融合互动发展。以北京、天津为中心引领京津冀城市群发展,以上海为中心引领长三角城市群发展,以香港、澳门、广州、深圳为中心引领粤港澳大湾区建设,以重庆、成都、武汉、郑州、西安为中心,引领成渝、长江中游、中原、关中平原城市群发展。

城市群是更先进的生产力。智慧城市群建设的本质,是让城市群协同发展的初衷更容易实现并且能够达到更高的层次。中共中央、国务院印发的《粤港澳大湾区发展规划纲要》中明确指出,要求加快基础设施互联互通,建成智慧城市群,推进新型智慧城市试点示范和珠三角国家大数据综合试验区建设;加强粤港澳智慧城市合作,探索建立统一标准,开放数据端口,建设互通的公共应用平台;建设全面覆盖、泛在互联的智能感知网络以及智慧城市时空信息云平台、空间信息服务平台等信息基础设施;大力发展智慧交通、智慧能源、智慧市政、智慧社区;推进电子签名证书互认,推广电子签名互认证书在公共服务、金融、商贸等领域的应用;共同推动大湾区电子支付系统互联互通;增强通信企业服务能力,多措并举实现通信资费合理下降,推动降低粤港澳手机长途和漫游费并积极开展取消粤港澳手机长途和漫游费的可行性研究,为智慧城市群的建设提供基础支撑。

　　以上指导思想,并不是仅仅适用于粤港澳大湾区,同样为其他各区域合作建成智慧城市群明确了途径。智慧城市群是基于信息技术进一步在智慧城市的运用,是知识社会创新环境下城市群发展的更高级阶段。从美国、日本、欧洲等对智慧城市群的规划实践可以看出,智慧城市群有着更大的发展潜力和更强的竞争力。

　　但是,有一点需要特别注意,城市群依靠的是协同机制,不同于单一城市的垂直管理机制。因此,智慧城市群的建设虽然依托于智慧城市,但绝不是多个智慧城市的简单相加,如何充分地把握这一特点,通过智慧城市技术更加高效地实现各城市之间资源共享、互通有无、相互借力,达到协同发展的初衷,就能让智慧城市群的设想得以成功实施并持续发展。

6.4　新型智慧城市

　　传统意义上的智慧城市主要特征是"行业应用驱动"和"新兴技术驱动",在这样的阶段,智慧城市的发展具有自发性、随机性,虽然存在着这样那样的问题,但仍然有效改善了城市公共服务水平,提升了城市管理能力,促进了城市经济发展。

　　随着网络强国战略、国家大数据战略、"互联网+"行动计划的实施和"数字中国"建设的不断发展,城市不断被赋予新的内涵和新的要求,推动了传统意义上的智慧城市向新型智慧城市演进。

　　2015 年 12 月 16 日,在第二届世界互联网大会上,习总书记的开幕致辞中提出了关于推进全球互联网治理体系的四点原则和构建网络空间命运共同体的五点主张,尤其是加快网络基础设施建设、推动网络经济创新发展、保障网络安全等主张,阐明了新型智慧城市建设的关键要素,对于新型智慧城市在新时代的建设指导意义重大。

新型智慧城市是中国特色的智慧城市,主要特征是"数据驱动",数据成为新兴生产力。新型智慧城市的建设以数据为中心,包括数据建设、数据应用、数据安全三个方面。

6.4.1 新型智慧城市数据建设

数据建设是新型智慧城市建设的基础,包括数据获取、数据处理、数据存储、数据交互、数据融合、数据共享等,核心是数据的融合与共享。搞好数据建设,需要许多方面的强力支撑。

(1)体制与机制的支撑。

体制与机制的问题一直是智慧城市发展过程中的大问题。建设新型智慧城市必须成立专门的推进机构,统一规划、统一进行顶层设计、按照统一的标准建设,把数据共享作为第一原则,须坚决杜绝各自为政、自行其是进行建设的情况发生。另外,建立机制鼓励社会力量参与建设,是推进新型智慧城市的必要举措。

(2)智慧系统基础设施的支撑。

从数据的获取、存储到数据运算,需要一系列智慧系统基础设施的支撑。5G的布局与推进是保证通信能力的主要手段,物联网的建设是实现泛在感知、获取数据的主要措施,数据存储能力的建设是维护智慧城市正常运行的根本保证,泛在计算能力的建设是新型智慧城市发挥作用的必要条件。

(3)标准与规范的支撑。

进行新型智慧城市建设首先要选定符合自身建设需要的标准,或者研发符合自身建设需要的规范,使建设有规可依,不会偏离轨道,保证实现建设初衷,能够为城市发展保驾护航,能够随着城市的发展与时俱进。

这一支撑点是新型智慧城市建设中最大的难点。

6.4.2 新型智慧城市数据应用

数据应用是新型智慧城市的目的,与传统智慧城市解决行业应用为主要目的不同,新型智慧城市是以整个城市的高效运转为应用目标,应用的重点是协同与创新。主要包括智慧生活、智慧生产、智慧治理、智慧生态等。

1. 智慧生活

智慧生活主要是构建更加贴心的智慧服务,包括智慧行政服务、智慧医疗、智慧教育、智慧交通、智慧养老、智慧金融、智慧商业等。各类服务型企业转型为智慧公共服务运营商,政府由服务提供者转变为服务监督者。

2. 智慧生产

大力推进产业数字化和数字产业化,提升智慧工业、智慧农业等生产制造行业智慧化水平。以大数据技术辅助经济发展进行科学决策,促进城市生产提质增效。

3. 智慧治理

技术赋能支撑城市进行精准治理,网格化管理使得城管、综治和安防都更加准确到位,人工智能的应用使得许多原来必须事后应急处理的事故由于针对性的预防预判而避免发生。图 6.3 所示的一网统管城市运行平台,是一种智慧治理的典型数据应用举例。

4. 智慧生态

智慧化的立体管控筑牢城市的"绿水青山"防线。智慧科技下的废气、废水和固废监测"明察秋毫",智能化的环保处理过程可实施精准控制。智慧垃圾分类处理、智慧废物回收利用、智慧低碳绿色出行、智慧新能源应用等,都将为绿色健康的城市环境做出贡献。

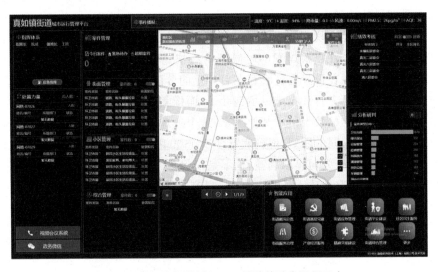

图 6.3　数据应用举例——一网统管城市运行平台

6.4.3　新型智慧城市数据安全

数据安全一直是互联网的痛点。智能终端的大量应用,又使个人隐私泄露上升到前所未有的严重状态,物联网的普及更使设备数据安全成为一个全新的课题。虽然加密算法不断更新迭代、区块链技术走入实用、量子技术展现出非凡的安全能力,但是,道高一尺魔高一丈,对于数据安全,除了采取技术手段防范外,个人重视、行业自律、政府监管、法律惩戒都非常重要,永远不能放松和懈怠。站在国家安全的高度上,还需要具有独立自主知识产权的通信协议与标准。

6.5 智慧系统

新型智慧城市是智慧地球理想的主要体现方式,而智慧系统是新型智慧城市的基本支撑。在我们的日常生活中,正在看到越来越多的智慧场景应用:智慧交通,通过监控实时交通流量,让城市拥堵减少、更加畅通;智慧医疗,通过共享信息和远程治疗,使优良医疗资源发挥更大作用;智慧教育,通过网络教学和学习资源分享,在新冠疫情期间也能保证大部分学校完成教学计划,甚至体育课都没落下;智慧餐饮,高速飞奔的高铁上,也不错过品尝途经城市的美餐;还有智慧金融、智慧制造、智慧通信等,智慧化正在越来越多地让我们真切感受到科技的魅力。

然而,并不是一切都那么美好。在本章开始部分提到,连口罩、酒精、消毒剂这样的工业品,在疫情爆发的时候都没法快速满足社会需要;粮食资源、医疗资源、教育资源在世界上持续存在着严重的分配不均;许多国家长期大规模贫穷,普通民众千方百计也难以填饱肚子,而像美国这样的国家却存在着巨大浪费,人均消耗十倍数十倍于其他国家;这个地球上生活着 70 亿人口,每分每秒有着 70 亿个不同的愿望,但到底有多少个愿望能够得到实现? 智慧系统技术既不是只为某个公司谋取利益,也不是仅仅为了改善美国人民的生活,那么它能不能改善所有地球人的生活环境、提高所有地球人的生活水平? 我们完全可以抱以期待,因为科学技术是第一生产力,生产力决定生产关系,生产关系决定着社会运行机制。只要我们持续努力,这一天终究会到来。

那么,智慧系统技术到底是一种什么样的技术?

6.5.1 智慧系统的定义

在第 2 章中,我们探讨了工业及社会体系从机械化系统到自动化系统、智能化系统、数字化系统、信息化系统、智慧化系统演变的过程和技术特点。

在这些探讨中,我们知道,智慧化可以使系统的特性向着人类智慧特征无穷趋近,不但能够趋近个人智慧,社会管理也需要能够趋近群体智慧。这种具有智慧化特征的系统,我们可以称之为智慧系统。在这样一个阶段,给出一个智慧系统的精确定义还为时过早。

智慧系统是系统进化的终极目标,但与人类的进化一样,智慧系统自身的演进是一个没有止境的过程。

6.5.2 智慧系统的十大特征

智慧系统作为一种综合了自然系统的规律、社会系统的需求、科学系统的创造力等各种特点的复合系统,从广义的系统概念看,具有系统的一般特征。在第 3 章中,我们探讨过一般系统的特征,系统论认为,整体性、关联性、等级结构性、动态平衡性、时序性等是所有系统的共同的基本特征。智慧系统当然没有例外,一定具备这些基本特征。

但从狭义的系统概念看,与智能化系统、数字化系统、信息化系统等概念相比,智慧系统具有的如图 6.4 所示的明显特征,这更能准确地反映智慧系统的特色。

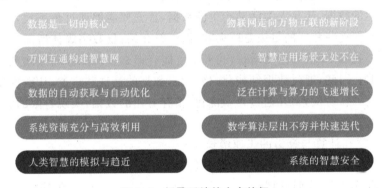

图 6.4　智慧系统的十大特征

（1）数据是一切的核心。

智慧系统以数据为核心,人类的各项活动和自然界的各种变化都在产生数据,数据又在决定着各种需求的产生。数据成为社会生产力,以及驱动社会发展的基本要素。智慧系统的建设与应用本质上就是数据的建设和应用。数据不但是智慧系统的核心,也正在成为整个社会的核心。

（2）物联网走向万物互联的新阶段。

物联网是物品相联的互联网,泛在网是构建智慧系统的基础。万物互联,是指将人、物品、流程、数据和情境等一切事物联结在一起,是物联网发展的高级阶段,是构建泛在网的基础。物联网走向万物互联新阶段是智慧系统的基本特征。

（3）万网互通构建智慧网。

在第 1 章中,我们探讨了网络的由来。我们知道,网络是伴随着社会的发展而产生的,不同的历史阶段、不同的行业需求产生了种类繁杂的网络,这些网络有着天然的异构性。万网互通是实现智慧系统的必然要求,通过网络融合技术实现万网互通,并形成具有自适应及自愈性能的智慧网,是未来智慧系统性能不断提升的根本保证。

第(2)(3)两项特征,我们将在第10章中进行专题探讨。

(4)智慧应用场景无处不在。

随着智慧系统技术应用的不断深入,我们工作和生活的各个环节都将与之紧密结合,智慧服务将逐步产生规模化效应,并反过来促进其应用发展,智慧应用场景将无处不在。同时智慧系统技术的应用使得个性化需求更容易得到满足,所有行业面对客户都将智慧起来,单一品种大规模生产的局面越来越少,个性化产品和服务的需求越来越多。

(5)数据的自动获取与自动优化。

大数据已经成为大众耳熟能详的词语。对智慧系统来说,无论是机器与物品产生的数据,还是人类活动产生的数据,首先要能够通过传感技术实现自动获取。但这些数据的量级是巨大的,据资料介绍,仅数字媒体所需要的存储容量每年就以12倍的速度增长,我们不可能有那么多的能源和空间来存储所有的数据。因此,通过数据结构化、格式化,数据的清洗和过滤,让数据变得可应用、易存储、易检索,并通过自动优化,留存有用的数据,实现有限的、有价值的大数据。

(6)泛在计算与算力的飞速增长。

泛在计算意味着无处不在的计算能力,是智慧系统所需要的新型计算模式,这种计算模式表明计算设备提供的信息空间与人类生活的物理空间走向融合,独立的计算机越来越少,计算功能融入其他通用设备和网络之中。另外,算力的飞速增长是智慧系统所必需的,不然无法应对与日俱增的应用需求。在第8章中,我们对此将有进一步的探讨。

(7)系统资源充分与高效利用。

智慧系统高度依赖系统的存储能力和计算能力,而现实状况一边是业务需求的高速增长和处理能力的不断翻番,另一边是存储资源和计算资源的大量闲置,闲置率甚至高达三分之二到五分之四。同时,系统还须能支撑不同类型的工作负载,从关键业务应用到商业应用,不同的应用各有各的特点,有些需要进行密集型的计算,有些需要进行大吞吐量型的计算,或者不同的工作负载并存。智慧系统必须能够依靠云存储技术、云计算技术以及其他智慧化技术,充分利用一切可以利用的资源,高效工作而达到最优化的工作效果。

（8）数学算法层出不穷并快速迭代。

数学算法是每一种智慧应用的基础,大规模智慧应用场景的出现,靠的是层出不穷的数学算法。智慧系统性能的保持与提升,不能完全依赖算力的增加,而应该依靠算法的不断迭代,新的算法将更加高效,对算力的需求更低。因此,数学算法是绿色技术,对智慧系统技术的发展起着举足轻重的作用。

（9）人类智慧的模拟与趋近。

在第 2 章中我们已经探讨过,对人类智慧的模拟有两种技术路线,即仿生学路线和工程学路线。无论哪种路线,最终依赖的都是数学算法,只不过仿生学路线的算法更加复杂而已。人工智能技术开启了人类智慧的模拟进程,也是智慧系统进展的重要标志。对人类智慧的趋近特别是对人类群体智慧的趋近必将是一个漫长的过程,同时也是智慧系统无止境的、最重要的追求。

（10）系统的智慧安全。

数据丢失或遭到篡改或系统宕机都会给个人、企业造成巨大损失或给社会造成巨大风险。在第 4 章中,我们专门探讨了网络安全技术,系统的安全风险永远不会消失,安全与反安全的博弈永远不会停止,智慧系统由于互联互通的范围更大而面临着更大的安全风险。因此,智慧系统需要更坚固的系统稳定性、更先进的数据加密技术、更有效的安全授权技术,不能头痛医头、脚痛医脚,要有更强大、更系统、更智慧、更综合的系统安全技术,实现从"道高一尺魔高一丈"到"魔高一尺道高一丈"的跨越。

6.5.3 智慧系统的实现

从以上智慧系统的特征描述可以看出,系统实现绝不是轻而易举的。对于小型系统,由于目标明确、流程清晰,实现起来相对容易。但对于大型系统,比如一个智慧城市系统,那就要从城市建设目标开始,业务规划、顶层设计、技术选择、标准制定、条块衔接、程序设置、建设落地、应用推广全流程高度重视,处处设防,层层把关,运筹帷幄,统筹推进。后续几章中,我们将从技术到标准,从设计到建设,进行较深入的探讨。其中,从第 7 章到第 9 章,以 IGnet 智慧系统通信协议为例,侧重于系统技术实现来进行论述。

第7章　IGnet 通信协议，有价值的智慧系统技术实践

IGnet 通信协议，有价值的智慧系统技术实践

本章导读

　　"信息孤岛"遍布各个角落，这也是中国智慧城市建设状况的真实写照，"仅供领导参观、与市民基本无缘"的智慧城市面子工程屡见不鲜。几百个城市交的学费，也没有打造出一条智慧城市建设的通途。政府缺少规划、行政条块分割是主要原因，但实用标准缺失、技术支撑不到位也是重要因素。IGnet 正是在这种背景下，基于构建智慧系统的初衷，以最大可能解决工程应用的实际需求为出发点，既要解决现实问题，又要注重发展前瞻性的一种智慧系统通信协议，是一项有重大意义的技术实践。

7.1　IGnet 通信协议提出的背景

　　记得是 2005 年，笔者在西安和一位国内知名的楼宇自控专家探讨行业发展现状。这位专家直言，国内楼宇自控产品的研发和制造水平太低，重要的楼宇项目必须采用全进口产品。笔者当时很是不解地反问，国内 220 kV 以下等级变电站二次控制系统基本上全部采用国产设备，变电站的服务范围覆盖一个或多个城市，一栋楼宇机电设备的控制，其重要性与一个变电站相比，完全不可同日而语，为什么行业内会有这样的认识？专家无法应答，自言这可能是行业偏见。这是笔者了解建筑智能化行业的开始，同时也逐步观察到，虽然这些年中国的建筑业与城市建设发展飞速，而国内与智能建筑及智慧城市的相关技术与产品发展都极其有限，一方面说明这种行业偏见对一个行业的发展杀伤力有多大，另一方面说明负责城市建设的主管领导，对建筑智能化基础产品的技术和标准，缺乏像电力系统领导和专家对电力自动化产品那样的战

略规划，没有起到对一个行业应有的引领作用。仅有的一些应用标准，也多半是从国外生搬硬套而来，无视中外实际需求的迥异。

这么多年持续的建筑与城市建设高潮，竟然没能打造出一个中国智能化产品制造的产业（海康威视领衔的视频监控行业是个例外），也没有沉淀出几个有实用价值的技术标准，甚至没有一个标准能够真正完整地指导一个综合智能化项目的建设，实为憾事。缺少强制性标准，使得整个建筑智能化行业产品的研发工作出现大量的低层次、低水平重复，互设技术壁垒，大大妨碍了行业发展。由于产品成果得不到广泛应用，研发从业人员也普遍成就感极差。上层引导的缺失以及自上而下过度媚外的消费观及行业偏见，极大损害了国内本行业自主创新氛围的培育，"拿来主义"的技术和产品还容易留下安全漏洞。行业的这种长期混乱与无序已经成为中国依靠自主知识产权建设安全可靠智慧城市的主要瓶颈，也使国家信息安全面临极大挑战。

7.1.1　中国智慧城市发展的迷雾

自 2008 年 IBM 提出智慧地球的概念以来，中国进入了大范围的持续的智慧城市建设热潮，包括县级城市在内，有约 700 个城市进行了智慧城市建设，这在世界范围内都是绝无仅有的。虽然取得了一定的成绩，但应该看到在光鲜的概念之下存在着许许多多的问题。其中比较突出的问题有：

（1）投资巨大，收效甚微。

虽然不少城市经过这些年的智慧城市建设，城市管理的方式发生了一定变化，城市管理水平有了一定的提升，但是这种成效与动辄几十亿甚至上千亿的巨大投资完全不对称，绝大部分已经建成的项目都是夹生饭，功能缺乏实用性而导致应用推广极其困难。这其中最主要的原因是城市主要领导对智慧城市建设缺乏认识深度，拍脑袋想当然，没有把应用需求放在第一位，为建设而建设，缺少总体规划和顶层设计，项目结束了才明白智慧城市大概应该是一个什么样子。

（2）盲目攀比，一哄而起。

全世界总共只有 1000 多个城市开展了智慧城市建设，中国就占了一半多。严格意义讲，只有城市管理水平达到了一定高度，适合进行智慧化流程再造时才能进行智慧城市建设，否则不但达不到提高城市运转效率的目的，反而还会起反作用。显然，中国这几百个城市中，有许多城市管理水平到不了适合进行智慧化流程再造的高度，甚至没有认真评估过，自己的城市到底有无建设智慧城市的必要性，以及建设智慧城市的可行性条件。这是盲目攀比的心理造成了一哄而起的局面，也是造成投资大、收效小的主要原因之一。

（3）缺少特色，千城一面。

在中国近几十年的城市化进程中，城市基础设施建设都由政府主导，相关职能部门以建筑工程设计替代建筑艺术设计，造成当前城市建设"千城一面"的现象。在智慧城市的建设进程中，又在以 IT 技术专家替代规划专家，造成新的智慧城市建设"千城一面"。智慧城市建设并不仅仅是一项技术工作，也不是一项简单的项目建设，只有紧扣城市特色，紧紧抓住城市自身发展规划的特色和灵魂，紧贴城市自身的实际需要，做出有自己特色的并且具有前瞻性的智慧城市建设方案，量力而行分步有序落地实施，才能够真正服务于本地经济发展和城市管理，才能够起到智慧城市建设这种中长期规划项目应有的作用。

（4）各自为政，重复建设。

政府的条块管理机制是智慧城市建设过程中最大的障碍，并且是自始至终的障碍。智慧公安、智慧交通、智慧旅游、智慧教育、智慧医疗等，一切以政府的条块划分为基础，从信息化基础设施到物联网基础设施都出现了大量的重复建设。这些重复建设造成了资源的极大浪费，在新型智慧城市的建设过程中，需要采取有效的策略解决这一难题。现在，各地又兴起建设城市大数据中心的热潮，希望政府不要赶时髦、走形式，让这些大数据中心真正起到统合数据建设、统一提供数据应用支撑的作用，同时在建设过程中，充分利用政府各部门已经投资建成的设施，变废为宝，让数据产业成为绿色产业。

（5）互不联通，孤岛丛生。

条块分割建设的现状必然造成到处都是"信息孤岛"，哪怕只是一个校园，教学、行政、后勤、保卫、图书馆、实验室等，也都各自建设一套系统，"信息孤岛"进一步变成"智能孤岛"，哪还有什么"智慧化"可言？智慧城市建设的目的是有意识地、主动地促进城市化这一发展趋势，其核心是整合资源，要把城市运行的各个核心系统整合起来，使城市成为一个互联互通的大系统，而"信息孤岛"则成为资源整合过程的最大障碍。在技术层面，存在着产品标准、建设标准和评价标准实用性不够或缺失的问题，不同产品之间、不同系统之间实现互联互通和信息共享的难度大。在管理层面，城市部门行政分割、管理分治的现象普遍存在，横向协同困难，缺乏科学有效的信息共享机制，即便城市各条块在长期的信息化应用中积累了海量的数据和信息，也难以快速形成智慧城市基础数据库。消除孤岛现象，虽然困难重重，但必须迎难而上、逐个解决。

（6）概念追风，面子工程。

从互联网到信息化，从物联网到大数据，从云计算到区块链，以及边缘计算、数字孪生、城市大脑等，这些年来与智慧城市有关的新概念层出不穷。不少主政一方的领导习惯于对各种新概念热捧热追而不计后果，导致一大批华而不实的形象工程、政绩工程、面子工程出现。小城市与大城市不同，大城市与特大城市不同，内陆城市与沿海城市不同，西部城市与东部城市不同，虽然新技术、新概念都有其非常美好诱人的一面，但每个城市所处的发展阶段不同、所处的地理位置不同、所处的周边环境不同，每个城市只能根据自身的条件、自身的需求，选择有限的技术，进行有限的规划，建设有限的智慧城市。例如，数据共享很重要，但是否要把一个城市的全部数据进行共享作为目标？这显然既无必要，也不可行；城市大脑作为一种设想，有其诱人的一面，但现阶段主要还是计算机在执行人们编写的程序和指令，只能模仿一些人类的判断，思维与智慧的元素还很少，距离人类智慧还有很远很远的距离。另外，城市有其自然运行规律，是否需要大脑这样的机制，有待商榷。因此，我们不能对此抱以过高的期望和不切实际的幻想。

智慧城市建设过程中存在的问题远不止这些。概念的不断变换、规划的不断调整从另外一个方面说明，我们是在迷惘中前行。城市发展理论自身也在一个争论、实践、调整的过程中，作为城市发展附属物的智慧城市建设，在跟随这一过程、服务于城市发展的同时，如何去影响、促进甚至引导城市发展，是我们应该努力的方向。

7.1.2 中国智能建筑发展的困窘

建筑是城市最主要的组成部分。毋庸置疑，智能建筑是智慧城市最重要的基础。然而，智能建筑先于智慧城市发展和建设，过往智能建筑的建设无法顾及到后来智慧城市的建设需求。智慧城市的发展是从管理信息化开始，而智能建筑一直侧重于建筑机电设备的控制、技术安全防范、多媒体信息的传输等。在起始阶段两者并无交集，到了今天，智慧城市需要建筑基础运营的数据来作为城市管理的支撑，智能建筑希望依托城市信息化发挥更大作用。这个发展需求一下子暴露出智能建筑发展中的困窘。

（1）无序的标准现状。

由于中国快速城市化的进程，我国智能建筑在很短的时间内就实现了智能化模拟系统到智能化数字系统的跨越，加上发展初期国内完全没有标准，伴随着国外公司产品的大量应用，世界上各个发达国家的标准在中国建筑市场上各显神通直至今日。还有许多采用国产产品的项目，基本上都是制造商自定义的标准。中国智能建筑实际应用标准的复杂性，可以想到不是一般的复杂。智慧城市系统若想以既有智能建筑系统为基础获取基础数据，其难度不言自明。

（2）内部孤岛现象。

前面我们讲过,政府条块分割管理机制是造成智慧城市信息孤岛的重要原因,而在同一栋建筑内部,也存在着一个个小孤岛,如门禁控制系统、安全报警系统、安全巡更系统、照明控制系统、空调控制系统、电梯监控系统、公共广播系统、信息发布系统等也都是互不联通的独立系统。内部孤岛现象普遍存在,这种现象的形成更多的是由于标准、技术以及行业发展现状所致,本质上也是国家产业规划不到位所致。

7.1.3 IBMS 的贡献与局限性

内部孤岛现象是催生 IBMS(intelligent building management system,智能建筑管理系统)技术的根本原因。

在智能化应用初期,智能建筑的控制对象简单,各子系统之间虽然相互独立,依靠人工也能够实施管理、控制、信息的传递与汇集。随着网络技术的不断发展,建筑物内需要控制的对象数量不断增加,需要实现的功能也越来越多,需要各子系统进行互动,BAS(building automation system,楼宇自动化系统)在这一阶段发挥了作用。智能建筑的进一步发展则要求各子系统进行深度信息交互,并需要进行全局性的跨系统的综合管理,就出现了 IBMS 技术。

IBMS 是系统集成技术的高级发展阶段。它确立了智能建筑系统集成的目标、层次构成、接口技术及实现途径。IBMS 希望能够将各种子系统集成为一个"有机"的统一系统,通过接口界面标准化、规范化,完成各子系统的信息交换,实现所有子系统信息的集成和集中管理、所有子系统的集中监视和控制、所有流程自动化管理与事件管理,如图 7.1 所示。

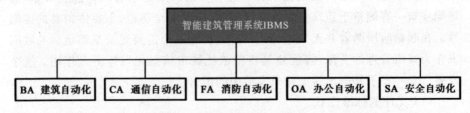

图 7.1 智能建筑管理系统 IBMS

应该说,在一个特殊的历史阶段,IBMS 技术为智能建筑的发展做出了积极贡献,使各个建筑体系的内部孤岛实现互联互通,使智能建筑系统的能效得到很大提高,特别是对于既有智能建筑项目的改造很有现实意义。但是必须看到,IBMS 技术存在着非常大的局限性,主要表现为:

（1）IBMS 是迫于对智能建筑发展现状的无奈进行的技术改良,是一种头痛医头脚痛医脚的问题解决方法。它虽然力求实现智能建筑系统在技术、产品、功能等全方位的集成，而在实际项目中，基于现场情况的千差万别，实现这一点非常困难。

（2）IBMS 主要是依托一套后台软件实现各个子系统的互联互通，这是一种典型的集中式系统，一旦管理中心出现故障，大概率造成全系统瘫痪。所有子系统通过管理中心交换信息、完成互动，效率低下，可靠性差。

（3）IBMS 系统架构完全依赖于各子系统既有架构，缺乏灵活性，与智慧系统的网络设计原则不相容，难以实现智慧系统所希望的功能要求。新建项目若基于这样的技术方式，性能实现将受到极大的制约，同时以后的升级换代也会困难重重。

7.1.4 互联互通的瓶颈突显

IBMS 技术的出现也是为了解决互联互通问题，从网络技术应用开始，设备与设备、设备与网络、网络与网络之间互联互通就一直是智能化系统发展与应用的最大瓶颈，造成这一局面的表象因素是整个行业缺乏强有力的能够真正全面解决应用需求的协议标准，内在因素则有以下两个主要方面：

（1）不同历史阶段技术发展及应用需求的有限性，导致许多通信协议都是采用某种特定技术实现某些特定需求的协议，虽然得到成熟应用，但不能满足更大范围内更多更高级的需求；

（2）企业集团利益及专利保护的原因，开发相关技术的企业为保护自身利益通常使用不通用的硬件技术或专门的软件技术，甚至设计专用集成芯片，利用专利保护政策，实现企业利益最大化，人为地造成互联互通的壁垒。

时至今日，智能化需求更加多样化，对互联互通的要求更高，而实现互联互通的措施和手段仍然很有限。由于实现互联互通难度大、成本高，建成的多数智能化系统都是由独立功能、互不关联的多个小型系统堆砌而成，信息不能互通，数据不能共享，造成极大的资源浪费且系统功能低下，就是前面已经提到的"信息孤岛"现象。

7.1.5 僵化系统，不能生长

IBMS 作为一种可实现子系统集成的软件平台技术，一定程度上解决了智能化工程项目中互联互通的问题，但这是一种基于全面妥协的原则对分离的子系统进行粘补的技术，其中起主导作用的子系统协议或因功能规划的局限性、或因系统架构设计的局限性、或者受有关方利益主导而无法发挥主导作用，因此无法实现真正的互联互通。同时，这种软件平台技术不可能从根本上解决软硬件平台深度融合的问题。因此，很难随着客户需求的增加进行扩展，并且难以随着新技术的出现进行升级。这样的系统就成了不可生长的僵化系统。

7.1.6 时代发展召唤智慧型系统

造成以上所述行业现状,原因是多方面的。其中技术方面的主要原因是系统技术性能与系统需求不匹配,无法满足工程建设的需要。时代的发展在召唤智慧型系统,而智慧系统的形成要求系统必须具备以下基础特性:

(1)实现硬件与硬件、软件与软件、硬件与软件的完全互联互通,进一步实现人、事件、环境与硬件、软件、系统的完全互联互通;

(2)项目的需求如果有增加或调整,系统能够适应这种变化,随之进行扩展或调整;

(3)项目建成后,如果有提升系统性能的需要,新的技术可以融入原有系统,实现系统升级。

具备这些特性的系统,才有可能逐步具备第 6 章所描述的智慧系统的其他特点。这样的系统称为柔性的、可生长的智慧系统。图 7.2 描述了智慧系统的基础支撑——互联互通。以施勒智能科技(上海)股份有限公司为核心的一批专家为了解决工程实际需求,多年前开始进行 IGnet 智慧系统通信协议的研发工作,初衷是能够通过分布式架构打造出具备以上三项特性的智能化系统。随着计算技术、通信技术、人工智能技术、大规模集成电路技术的快速发展,这项研究正在追求的是使系统具备更多智慧系统的特征和性能。

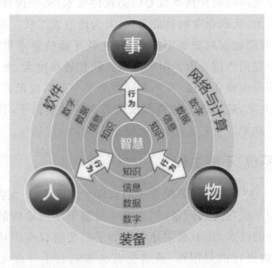

图 7.2 智慧系统的基础——互联互通

7.2　IGnet 通信协议研发概述

　　"IGnet 智慧系统通信协议工作组"成立于 2009 年 6 月，由智能化专业、电力自动化专业、工业自动化专业、机电专业、计算机专业、通信专业、暖通专业、音视频专业、医疗设备专业、传感与测量专业、软件专业、系统专业、城市规划专业等多领域的 50 多位专家组成。专家工作组成员来自制造商、研究院、设计院、高校及应用部门等多类别单位。

　　工作组的初衷是解决智能化项目"建设阶段实现互联互通难"及"运行阶段售后维护难"两大瓶颈问题。历经 6 年之久，跨越协议规划、协议拟制、协议试验、协议实施、协议修改与完善、协议更新与升级等繁重的工作阶段，于 2015 年 8 月确立正式协议机制，之后又历经多次完善。该机制不但实现了专家工作组的初衷，而且为智能化项目的实施提供了一个完整的、开放的一站式解决方案。特别是在智能建筑及智慧城市领域，为建设真正的具有"智慧、安全、绿色、健康"特点的"智慧健康建筑"和"智慧健康城市"提供了可靠支撑。

　　在该协议的研发过程中，专家组成员高度重视相关新兴技术对智能化行业发展即将产生的巨大推动作用，准确把握技术发展趋势，不断进行深度探索，使得 IGnet 协议具有了另一重要特点，能够不断融入新的技术，成为可以不断生长的技术体系。

　　随着物联网技术的出现及应用，"互联网＋""物联网＋"概念的推广与实施，工业自动化、工业互联网、智能建筑、智慧城市以及其他智能化概念的内涵与外延正在快速发生变化，边界划分越来越模糊，内容交叉越来越广泛，互相渗透越来越深入。智能移动终端技术的快速发展更成为助推这一趋势的又一重要动力，最终使得人与人、人与物、人与环境、物与物、物与环境的互联、互通、互动正在逐渐变成现实。普适计算技术、人工智能技术与智能化应用的深入结合，正在推动智能化系统向智慧化转型，将逐步成为既具有良好的系统性能，又具有自学习、自适应能力，能观察、能思考、能决策的智慧系统。

7.3　IGnet 通信协议基本工作原则

　　作为一项既要解决现实问题，又要注重发展前瞻性的智慧系统通信协议，IGnet 专家工作组在研发工作开始之初，确立了需要遵循的以下 7 项基本工作原则：

（1）以最大可能解决工程应用的实际需求为首要原则，让智能化系统成为任何环境下的生活者、工作者、管理者共用共享的系统，而不是仅仅作为技术人员在机房里操作的系统；

（2）适用于更广泛的地理范围，小到一间办公室、一个家庭，大到一个工厂、一个建筑群、一个或多个城市；

（3）适用于更全面的功能需求和物理对象实体，可以满足更多类别的控制信息、感应信息、数据信息、文字信息、音频及视频信息的通信传输需求；

（4）根据建设方需求，可以构建一体化的单系统构架，系统构架适宜于扩展与升级改造；

（5）尽可能采用成熟的基础通信技术，如以太网、无线通信、光纤专线、电力线、电信公网，减少壁垒，降低系统建设成本；

（6）软件与硬件技术更多地应用共性技术，增强系统的开放性和兼容性，以兼容既有的多种通信协议；

（7）充分考虑并响应各相关技术的发展与趋势，除传统的自动控制技术、互联网技术、物联网技术、传感技术，更要充分关注泛在网技术、大数据技术、云技术、普适计算技术、移动通信技术、GIS 技术、卫星定位技术、AI 技术等新技术，这些技术即将对智能化行业产生巨大影响。

以上基本工作原则，对达到 IGnet 通信协议解决实际工程问题的初衷（见图 7.3），同时又能实现与大的技术环境与时俱进的发展趋势，都起到了至关重要的作用。

图 7.3　IGnet 通信协议致力于解决实际工程问题

第8章　IGnet 通信协议技术路线，开放、绿色与兼容

▪ 本章导读 ▪

　　实现真正互联互通、为各类应用创造便利性，使网络具有开放性与兼容性是 IGnet 通信协议最主要的追求，不但充分应用成熟技术与共性技术，而且尽量借用智慧城市或其他智能系统既往投入，践行绿色发展理念。IGnet 基于设备本体计算、边缘计算、云计算等普适计算技术，为系统的智慧特征提供支持；基于泛在网的构想，以实现系统的泛在应用；基于物联网的基础支撑，以实现人、物与环境的一体化融合。

8.1　IGnet 协议特征

　　IGnet 智慧系统通信协议以解决实际工程问题为主要初衷，以实现底层互联互通为主要目的。这一目的也被形象地描述为"四网合一，八方同构"。四网合一，是指信息网、物理网、地理网、社会网能够融为一体；八方同构，是指人、建筑、设施、位置、事件、交通、组织机构、自然环境等元素能够在一个系统内实现互联互通。这一描述正是 IGnet 智慧系统通信协议的核心特征。这一技术特色，使得 IGnet 协议可以站在以人为核心的角度，实现智慧建筑、智慧城市、智慧工业等领域各构成元素在底层互联互通的要求，是智慧系统的一种基础技术支撑，适合作为城市或行业数字化的技术底座。以下是 IGnet 协议的有关特征描述。

8.1.1　一体化与冗余性

　　IGnet 通信协议，可以灵活地适用于不同规模的智慧化工程。无论是 IB

系统、DCS 系统、SCADA 系统或是其他综合性的系统，都可以从其处于最底层的物理对象中直接获取原始数据，并且可以从这些系统中获取数据到应用程序中。

这一特征，使得传统意义的功能子系统的各模块无须保持物理结构固有的直接联系，可以分布于网络中的不同节点上，从而构造一种一体化的单系统架构，同时易于根据需求的增加和技术的升级实现扩展。

8.1.2 数据格式的统一性与灵活性

对各种不同类别的功能需求，不同类型的传输介质，采用统一的数据格式、自适应的数据长度、标准化的数据包封装技术，在保证通信效率的前提下，充分提高协议的通用性。

这一特征使得采用 IGnet 协议构建的网络可以实现从底层（有线/无线/光纤各介质）到局域网层及云端和其他远程运用，在一个完整的、透明的、统一的协议中工作。

8.1.3 应用的便利性

从硬件到软件，网络具有一个基础的标准架构，应用程序可以本地应用，也可以实现远程应用，其分布与系统硬件的分布并无直接关联，极大增加了系统硬件配置的灵活性，利于扩充系统应用范围。

应用程序可以在此标准架构内进行面向对象的专项开发，也可以将开发的应用程序作为一个对象进行封装，留出标准接口以供客户调用。

因此，采用 IGnet 协议可以使建设方灵活地与其他智慧应用或底层数据进行应用交互或数据交互。

8.1.4 网络结构的开放性与兼容性

IGnet 以成熟的局域网技术为网络基本架构，参考 ISO 制定的《开放式系统互联网（OSI）基本参考模式》（open system interconnection/basic reference model，OSI/RM）ISO-7498 而建立，以保证其开放性与兼容性，特别是兼容各领域既有的通信协议。

8.1.5 数据传输的安全性与可靠性

IGnet 协议具有加密机制、防攻击机制、身份识别机制，确保数据传输的安全性。

在常规开放的协议系统中，如果攻击者知道了系统采用的协议，就有可能对系统进行破解，IGnet 协议引入加密处理和特征符标识，增强数据的安全性。

IGnet 协议具有传输确认机制、防冲突机制、强力纠错机制，确保数据传输的可靠性。

基础架构基于成熟的以太网技术，采用分布式系统，减少系统节点之间的相互影响，单个节点出现故障不影响其他无关的部分正常运行。

8.1.6 诊断信息及可追溯性

错误标识、物理对象工作状态、应用程序及嵌入式程序版本多种诊断信息的应用，有利于系统的运行与维护。

对于数据，可追溯其传输来源和信息产生的原因，可实时记录及输出，对于系统分析和诊断有重要作用。

8.2 IGnet 协议描述

8.2.1 IGnet 协议系统架构

图 8.1 是 IGnet 协议的系统概念架构图，描述了一种现实可预见的系统中软硬件的物理联系和相互关系。其核心任务是解决硬件平台内部硬件之间互联互通的问题、软件平台内部软件之间互联互通的问题、软硬件平台之间互联互通的问题。IGnet 协议包括基础协议和衍生协议两个部分，基础协议定义了基础应用的数据规则与架构模型，衍生协议定义了 IGnet 基础协议与行业既有协议的融合规则，以满足项目建设中的特殊需求以及城市更新项目中融合既有智能化系统的需要。

8.2.2 IGnet 基础协议结构模型

IGnet 基础协议是一个基于 OSI 模型的四层协议堆栈结构，由物理层、数据链路层、网络层和应用层组成的一个简化体系结构（见图 8.2），充分考虑了智能系统的特征和要求，减少协商开销，节约成本。

1. 第 1 层：物理层

为了适应不同的安装需要和简化系统扩展，控制网络应用要求能够支持多种介质，IGnet 支持一系列不同的有线或无线的物理介质，包括双绞线、光纤、RF 射频、红外等多种介质连接：

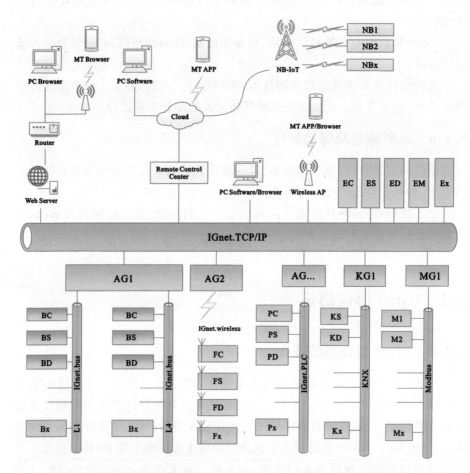

Ex：IGnet 设备，包括 EC 控制单元、ES 传感单元、ED 执行单元和 EM 多媒体单元

AGx：Area Gateway，区域网关

KGx：KNX Gateway，KNX 网关

MGx：Modbus Gateway，Modbus 网关

Lx：区域内的线 Line

Bx：IGnet. bus 设备，包括 BC 控制单元、BS 传感单元、BD 执行单元

Fx：区域无线设备，包括 FC 控制单元、FS 传感单元、FD 执行单元

Px：区域 PLC 设备，包括 PC 控制单元、PS 传感单元、PD 执行单元

Kx：KNX 系统设备，包括 KS 传感元件、KD 执行元件

Mx：Modbus 系统设备

MT：Mobile Terminal，手机、平板等智能移动终端

图 8.1　IGnet 协议的系统概念架构图

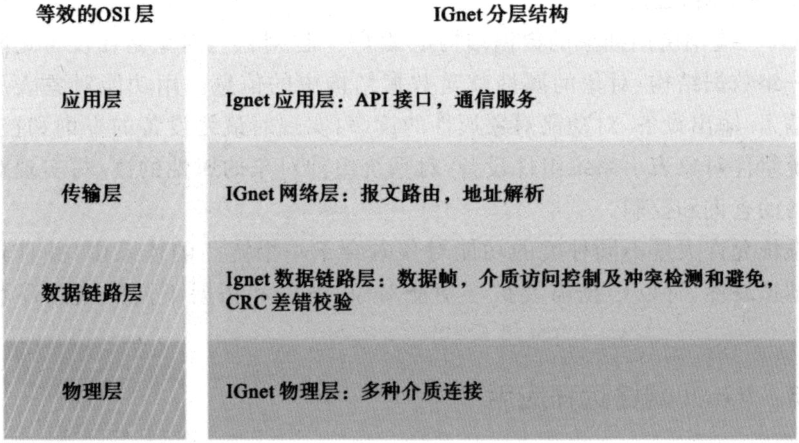

等效的OSI 层   IGnet 分层结构

等效的OSI 层	IGnet 分层结构
应用层	Ignet 应用层：API接口，通信服务
传输层	IGnet 网络层：报文路由，地址解析
数据链路层	Ignet 数据链路层：数据帧，介质访问控制及冲突检测和避免，CRC 差错校验
物理层	IGnet 物理层：多种介质连接

图 8.2　IGnet 基础协议结构模型

IEEE802.3(以太网物理层)

EIA-485

EIA-232

RF 射频

红外

……

协议支持灵活的拓扑结构。

2.　第 2 层：数据链路层

数据链路层的任务是把数据组成帧，通信介质的寻址与访问进行管理，以及进行流量控制、差错校验等。

介质存取方案对控制网络至关重要，系统性能将取决于存取方案的先进性。

IGnet 协议介质访问控制方案主要采用 CSMA/CD(carrier sense multiple access with collision detection，具有冲突检测的载波监听多路访问)技术，实现冲突检测和冲突避免，同时兼容吸收 MS 主从、TP 令牌、PTP 点对点等访问方式。

采用统一的数据编码格式，不管什么样的传输方式和功能对象，均保持格式上的一致性，规则简约而适应性强。

差错控制，对发送的数据进行反馈检查，对于没有正确接收的自动重发。

3.　第 3 层：网络层

网络层进行报文路由、地址解析等处理。

4. 第 4 层:应用层

IGnet 应用层用抽象的数据结构定义了一批"对象",对象是在设备之间传输的一组数据结构,对象的属性就是数据结构中的信息。用功能对象表示最终的输入/输出设备,对功能对象属性的读/写实现对最终设备的查询和控制;用系统组件对象表示系统组件设备,对系统组件对象的属性的读/写实现对系统设备的查询和控制。

系统允许大量不同种类的功能对象融合于一个统一的体系中,并且具有很强的扩展性,可以根据需要扩展功能对象,适应和拓展不同的应用环境和领域。

8.2.3 IGnet 网络远程应用

IGnet 协议应用了 MQTT(消息队列遥测传输)技术。图 8.3 描述了IGnet网络远程应用的工作原理。在外网访问系统时,需要客户端和云端服务器进行交互。由于智能控制网络对数据实时性要求较高,为了避免 HTTP 请求进行轮询或服务端推送数据等传统实现方式的不确定性,IGnet 协议采用了MQTT 技术,为服务器与客户端之间提供了全双工通信方式,两者都可以主动传送数据给对方,它们之间交换的标头信息也很小,大大降低了对 TCP 请求、链接销毁的需要,从而节约网络带宽资源与服务器资源,达到提高实时性和工作效率的目的。

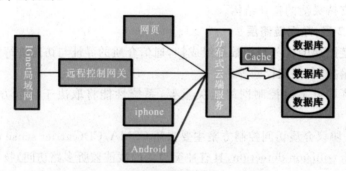

图 8.3　IGnet 网络远程应用原理示意

8.2.4 系统操作、配置和维护

IGnet 协议具有多种操作模式,既可以针对特定功能对象进行操作,也可以针对特定系统组件进行操作,还可以针对特定功能对象属性、特定系统组件属性进行操作,并具有超强的群组操作功能,具有很高的效率。

IGnet 协议可提供对于功能对象和系统组件的多种诊断信息,方便系统的调试诊断。信息处理出错时会反馈相应的错误标识，方便做出诊断。可以查询功能对象的在线状态和系统组件的版本。数据消息具有可追溯性，通过系统记录和分析，可以实现系统诊断和大数据分析。协议支持自动配置、自动发现、学习、配置下发等功能，系统配置灵活方便，当想要修改系统功能时，可以快速方便地进行修改。

8.3　IGnet 协议技术路线分析

8.3.1　充分利用成熟技术

作为一项解决现实工程问题的协议技术，首要的是安全可靠。因此，要大量采用成熟技术。如互联网（Internet）技术，它不但已成为人与人互联的主要技术手段，也是物与物互联（物联网，Internet of things，"IOT"）的主要技术基础。一种新的概念，Internet of everything（万物互联，IOE 或 IOX）也正在被更多地接受。因此，选择 Internet 技术作为 IGnet 协议的基础是必要和必需的。

另外，各种成熟的通信技术仍然能够发挥重要作用。如铜线通信技术、光纤通信技术、各种中远距离无线通信技术、短距离无线通信技术、红外通信技术在不同的应用场景中都仍将是主要的通信手段。还有，移动通信的快速发展不但使这一通信方式焕发出新的生命力，而且正在改变整个通信领域的技术应用布局。

8.3.2　以分布式组网技术为基础

集中式组网技术是模拟制式的通信及控制技术的局限性使然，由于信号类型的五花八门，只能先在专业功能子系统内部实现互联互通，然后通过专用中心硬件设备或中心软件相连。集中式系统通信效率低、通信质量差、系统稳定性差，容易造成系统性瘫痪。但由于技术发展及管理机制诸方面的原因，集中式组网技术在智能建筑、智慧城市及许多领域目前仍是主流组网方式。

去中心化的分布式组网技术是基于地理区域划分的需求而非根据专业功能实现构建网络，容易实现本地硬件在本地就近直接互联互通，通信环节少，通信距离短，通信效率高，通信质量高，系统稳定性能够得到极大提升，可以很好地解决上述各种缺陷。分布式技术可在一定的地理范围内构建一个单一架

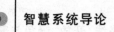

构的系统,也更加容易实施大范围组网,因此是 IGnet 协议的基础技术选择。受到国家战略重视的区块链技术正是基于这样的一种技术思路。

8.3.3 不同层级网络,采用统一灵活的数据格式

结构化数据是网络通信的基础要求。采用统一的数据格式,是实现大型系统作为一个单一架构系统完整统一存在的必要条件。无论是以太网网络,还是非以太网网络,通过采用物理实体对象化技术和数据结构整合技术,可实现统一的数据格式。

但是,统一的对象化的数据格式并不一定是僵化的。系统可以赋予其柔性适应性能,使其既有统一性,又有灵活性,可以广泛地满足各类物理实体实现互联的需求。

8.3.4 合理采用必需的新兴技术

新兴技术是实现系统设计性能所必需的手段,合理应用具有一定成熟度的新兴技术才能够满足日新月异的应用需求。分布式数据存储技术、普适计算技术、泛在网技术、物联网技术、人工智能技术、区块链技术都属于这一类技术。

相较于中心化存储具有的高并发、数据冗余、存储安全与隐私泄露、成本高昂等缺点,分布式存储技术具有响应速度快、缓存性能强的优点,同时可以通过添加存储节点进行线性扩展,其自动容错、自动负载均衡的特点使得采用低成本服务器存储成为可能,其多时间点快照的技术,能够支持同时提取多个时间点样本,并且同时进行恢复,可使系统容灾性能大幅度提高。因此,分布式存储技术,是采用 IGnet 协议构造的网络需要重点依托的技术。

人工智能技术、区块链技术在前面章节已经探讨,普适计算技术、泛在网技术、物联网技术将在下面几节进行探讨。

8.4　基于普适计算技术

普适计算是从设备域、网络域、数据域,到应用域全域应用的,无所不在、随时随地可以进行计算的一种方式。对分布式系统来说,普适计算对于完善、提升系统性能的重要性不言而喻。而普适计算的下述存在形式,对分布式系统满足不同层级建设需求却有着重要意义。为各种普适计算的应用提供坚强的数据能力支撑,是 IGnet 协议内在的基础任务。

8.4.1　泛在计算

1991 年美国 Xerox PARC(施乐实验室)的计算机科学家 Mark Weiser 提出"ubiquitous computing(泛在计算，U-计算，也译作普适计算)"新型计算模式。ubiquitous 源自拉丁语，意为普遍存在、无所不在(existing everywhere)。

这种计算模式的目的在于使整个物理环境中都能够具有计算功能，通过在物理环境中提供的多种嵌入式设备、传感器、移动设备和其他任何有计算能力的设备，构建一种人机交互新模式，信息处理不再依赖桌面计算机来实现，用户也不易觉察到计算设备的存在，而容易聚焦在自己要解决的问题本身。

Mark Weiser 这样来描述泛在计算技术："The most profound technologies are those that disappear. They weave themselves into the fabric of everyday life until they are indistinguishable from it(最伟大的技术是那些看不见的技术，它们将自己融入到日常生活用品中，以至于它们从人们的视线中消失)"。由此可以看出，泛在计算具有两个关键特性：一是随时随地访问信息的能力；二是这种能力物理上的不可见性。泛在计算强调计算和环境融为一体，而人们的视线里不再有一台台传统形式的计算机。

这种全新的计算思想，催生日韩提出了"Ubiquitous Network(泛在网络)"、欧盟提出了"Ambient Intelligence(环境感知智能)"等新概念。1999 年，IBM 又提出了"Pervasive Computing(普适计算)"。这些概念的描述与侧重点虽然不尽相同，但它们的核心思想却不谋而合。其目标都是"要建立一个充满计算和通信能力的环境，同时使这个环境与人们逐渐地融合在一起"。

泛在计算这一新型计算模式，建立在分布式计算技术、通信技术、网络技术、移动计算技术、嵌入式系统技术、传感器技术等一系列技术飞速发展和日益成熟的基础上。这表明计算设备提供的信息空间与人类生活的物理空间开始走向融合。

8.4.2　设备本体计算技术

随着嵌入式处理器、存储器及传感技术的快速进步，许多过去依靠系统方式实现的多功能需求，都可以变成单一的信息处理设备，并且可以实现个性定制。因此，设备本体的计算能力得到大幅度提高，同时大量减轻系统计算负荷。这是 IGnet 协议需要关注和推广的技术方向。

智能终端计算是设备本体计算最重要的应用方向，包括许多人工智能方面的应用。它极大地拓展了互联网与智能化的应用前景。特别是移动式智能终端，正在成为使用最广泛的计算设备，这类终端正在拥有越来越强大性能，如 GHz 速度的处理器、Gb 内存容量或者配置不同类型传感器。用户不但期望智能移动终端完全替代 PC,还希望能够超越 PC 的性能。用户的需求,让移动应用的概念日益复杂,然而移动终端的计算、存储,特别是能量等资源,在一定的条件下是有限的,甚至有时还需要通过计算迁移技术,将应用中资源占用较多的计算任务,从本地发送到远程设备去完成,借用远程资源来弥补本地资源的不足。这也从另一个侧面反映出,智能移动终端以及其他智能终端在发展过程中,会受到许多本身与外部因素的制约。

8.4.3　边缘计算技术

基于为应用末端服务或利用数据源头优势实施的边缘计算技术,近年来也得到快速发展。它利用网络、计算、存储、应用处理综合技术,可就近提供最近端服务,因此也是减轻系统负荷的重要技术手段。同时,相较云计算来说,边缘计算还具有更快的网络服务响应,对于实时业务以及应用层面的智能化实现有着重要的意义,而且更容易实现安全与隐私保护。相较设备本体计算方式来说,边缘计算有着更大的灵活性和更强的适应性,可以响应更多的应用需求。因此,边缘计算被确定为 IGnet 协议的基础计算方式之一。

8.4.4　云计算技术

作为一种分布式计算(distributed computing)方式,云计算(cloud computing)也处于快速发展之中。由于可以充分利用网络资源高效地进行计算,因此云计算是提升分布式系统性能的重要支撑。

云计算指的是通过将大型的数据计算处理程序分解成很多个小程序,然后通过网络中许多服务器分别处理这些小程序,运算得到结果并将结果返回给用户。本质上讲,"云"就是一种提供资源的网络,使用者可以随时获取"云"上的资源,按需求量使用。

早期的云计算,就是简单的分布式计算,解决任务分发,并进行计算结果的合并。通过这项网络技术,可以大幅度提高服务能力。

云计算发展到现阶段,已经形成系列化的云服务(cloud serving)体系,它已经不单单是一种分布式计算,而是分布式计算、效用计算(utility computing)、负载均衡(load balance)、并行计算(parallel computing)、网络存储(network storage)和虚拟化(virtualization)等计算机技术相互融合的结果。它的服务类型分为三类:SaaS(software-as-a-service,软件即服务)、PaaS(platform-as-a-service,平台即服务)及 IaaS(infrastructure-as-a-service,基础设施即服务)。云计算与云服务已经成为智慧系统必须依托的技术。

8.5　基于泛在网的构想

以泛在计算概念为基础，日本和韩国首先提出了"Ubiquitous Network（泛在网络）"的构想。日本和韩国都把它确定为国家战略，日本提出从 E-战略调整升级为 U-战略。这到底是一个什么样的构想，值得上升到这样的高度？下面介绍一下 U-Japan 构想。

日本政府从"IT 基本法"开始，第二步提出了 E-Japan 战略，该战略推动了日本整体 ICT 的基础建设。第三步又提出了 U-Japan 构想，希望能够在日本建设"4U"泛在网络社会。4U 分别为：

（1）Ubiquitous，指能够提供简便易用的网络互联，任何时间、任何地点与任何设备和任何人员，可以实现人—人互联、人—机互联和机—机互联。

（2）Universal，指实现每个人和每件设备互联。Universal 还包含了简单易用和互操作两个特点，这些特点让任何人不需思考就可以很容易使用相关设备，老年人也能够很方便地加入泛在网络社区中，进行通畅交流。

（3）User-oriented，指一切为了用户，体现建设泛在网络的指导思想和服务宗旨。

（4）Unique，指独具匠心，反映出泛在网技术服务的个性化和创造性特色，人们可以创造自己所希望的一切。

8.5.1　泛在网的意义

从以上描述不难看出，泛在网的构想有着非凡的意义。但泛在网并不是网络技术的一场革命，而是依靠挖掘传统网络潜力来提升网络效能。它将信息空间与物理空间实现无缝对接，以提供无所不在、无所不包、无所不能的服务为目的，帮助人类实现在"4A"——"Anytime（任何时间）、Anywhere（任何地点）、Anyone（任何人）、Anything（任何物品）"条件下，都能够便利地通过合适的终端设备与网络进行连接，获得个性化的个人智能服务。

除个人服务外，泛在网通过对物理世界更透彻的感知，构建无所不在的连接，同时对城市建设、物流运输、医疗监护、环境保护、文化旅游、能源管理等各行各业提供支撑和更加高效的服务，让信息通信自然而深刻地融入社会经济活动及人们的日常生活与工作中，实现处处、事事、人人、时时的服务，更好地服务于人们的生活。

泛在网概念的提出，为人类世界描述了一个美好的未来，它从人与社会经济的应用需求去考虑信息社会的架构,并与人类生活及经济活动的物理社会深度融合,将反过来推动人类社会系统朝着高效运转的方向发生巨大变革。这正是智慧系统所需要的基础支撑和发展目标。

8.5.2　泛在网的定义

泛在网络不是指某个具体的物理网络,而是指一个信息服务环境(指创造一个任何人都可以随时、随地获取信息进行交互的环境)。在这个环境中,人们可以在没有意识到网络存在的情况下,随时随地(如在日常生活、工作和旅游现场等)通过环境中的终端设备(如数字电视、手机、可穿戴设备等)享受服务。无论接入方式是固定的还是移动的、是有线的还是无线的,泛在网络都能提供永远在线的无缝宽带接入。

对于泛在网络的概念,不同的研究者根据自己的研究需求和研究领域提出了不同的观点和看法,很难形成统一的定义。最早提出概念的日本和韩国,将泛在网络定义为,是由智能网络、最先进的计算技术及其他领先的数字技术基础设施武装而成的技术社会形态。

2009 年 9 月,ITU-T 标准给出了泛在网络的定义:在预订服务情况下,个人和/或设备无论何时、何地、何种方式以最少的技术限制接入到服务和通信的能力。同时初步描绘了泛在网的愿景——“5C+5Any”成为泛在网的关键特征。5C 分别是融合(convergence)、内容(contents),计算(computing)、通信(communication)、连接(connectivity);5Any 分别是任何时间(any time)、任何地点(any where)、任何服务(any service)、任何网络(any network)、任何对象(any object)。

8.5.3　泛在网的组成

1. 泛在网的概念层次

与电信界曾提出过的移动泛在业务环境(mobile ubiquitous service environment,MUSE)概念类似,泛在网概念包括这样三个层次,由下往上看,分别是无所不在的终端单元、无所不在的基础网络和无所不在的网络应用,也分别称为传感层、网络层、应用层。泛在网络的概念层次示意如图 8.4 所示。

(1)无所不在的终端单元构成泛在网的传感层。

无所不在的终端单元是泛在网的感知与联系器官。对外界的感知和对受控单元的控制都由终端单元来实现。其中实现对外界感知的终端单元叫传感器,实现对受控单元控制的终端单元叫控制器。

泛在网的传感层就是由功能多种、接入方式多样、形态各异的终端单元所

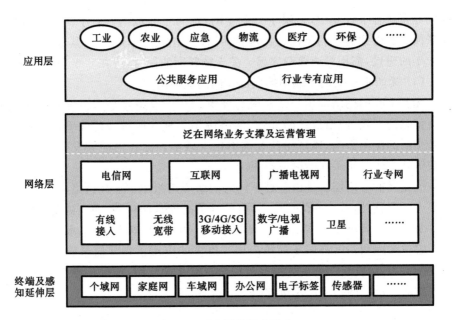

图 8.4　泛在网的概念层次

组成。它们实现信息的感知或接受远程信息,同时根据控制逻辑实现控制或被控制。终端单元种类繁多,如温感器、湿感器、重力感应器、继电器、计量终端、摄像机、车载终端、电子书、支付终端等。大部分终端单元具有本地通信能力,但没有远程通信能力。如果需要进行远程通信,则必须借助拥有远程通信能力的终端单元,这种终端单元一般称为网关设备。网关设备是泛在网传感层的重要组成部分。发展和完善好网关设备,才能完善泛在网的传感层,进而解决好终端单元的广域网络接入问题。

(2) 无所不在的基础网络构成泛在网的网络层。

无所不在的基础网络是泛在网的神经系统。终端单元和网络应用通过这个神经系统的连接,两者之间实现有效互动,最终真正实现泛在网的效能。没有这个神经系统,无所不在的终端单元便不能物尽其用,无所不在的网络应用也只能是纸上谈兵。

泛在网的网络层就是由各种不同的基础网络组成。无所不在的基础网络是实现泛在网的基础。泛在网建设的重中之重,首先是泛在网基础网络设施的建设。按照网络自身的概念来看,泛在网的基础设施由广域网、局域网(私域网、专域网)和公众通信接入网等组成;按照行业应用的概念来看,泛在网的基础设施由电信网、互联网、广播电视网三大主干网及电力专网、铁路专网等行业专网组成。这两个概念中都涵盖了重要的新兴的物联网概念,本质上,物联网分布在各个行业中,它属于行业专网,也属于专域网。对于泛在网来说,物联网需要得到更多的重视,因为物联网的成熟度严重不足,而其他网络经过几十年的建设,都相对成熟和完善。关于物联网的探讨,将在 8.6 节中进行。

(3) 无所不在的网络应用构成泛在网的应用层。

无所不在的网络应用是泛在网的灵魂。网络应用才是真正的动力源泉,网络信息的汇聚、网络信息的处理、网络协作与整合所带来的效率及增益,对人类生活的深刻影响,体现出泛在网的巨大效能。泛在网能够发挥巨大效益的关键就在于无所不在的网络应用。

泛在网的应用层就是由各种不同的网络应用组成。这些网络应用可以是需要人工干预的、单一的简单应用,也可以是高度自动化的、融合的复杂应用,或者是有一定智慧化元素的人工智能应用。像燃气、电力、自来水集中抄表,车辆定位跟踪和调度都属于简单应用。更多的应用正在从简单应用出发,走向复杂应用,最终走向高度智能或者完全智慧化的应用,这也是泛在网应用的发展方向。泛在网的应用示例如图 8.5 所示。

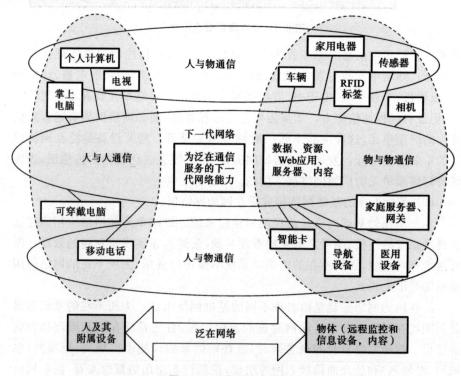

图 8.5　泛在网应用示例

2. 泛在网的体系架构

泛在网是无所不在的网络,对于网络系统而言,无所不在就意味着网络存在广泛的异构性、设备存在丰富的多样性以及无线通信方式必须得到充分运用。

泛在网与传统网络相比，有这些显著特征，即统一的控制平面、网络动态重构控制系统及网络设备资源化。泛在网络的整体架构需要从系统结构、网络组成与业务、网络安全、网络管理、资源管理、移动性管理、多接入技术、上下文管理等多方面考虑，并结合可扩展性、透明性、兼容性、简单性及开放性等架构设计原则，来进行整体把握。

8.5.4 泛在网的关键技术

由于泛在网是依靠对既有网络进行融合、挖掘潜能并以面向应用为主要目的，因此解决异构网络融合、高效业务支撑和高度智能化是其主要任务。所关联的关键技术主要有异构网络融合技术、智能终端技术与人工智能技术、异构终端协同技术、上下文感知技术、自然人机交互技术、移动性管理技术、业务适配与合成技术以及管理与安全技术等。

1. 异构网络融合技术

要充分发挥既有网络基础设施的优势，未来泛在网就必须具备融合固定和移动等不同技术网络的能力，以及融合电信网、互联网、广电网等不同行业网络的能力，甚至不同层次间的异构网络融合能力。

2. 智能终端技术与人工智能技术

智能终端的应用，可降低网络的复杂程度，使网络的互操作性、可扩展性和健壮性都能得到提升；同时，可以降低网络投资成本及网络运营成本。

未来泛在网对智能终端的要求，不只是与通信终端的融合，而是能够对人进行多方面能力延伸，如需要具备人对环境的感知能力、语言合成技术、音视频识别与理解等。同时，具备人对物理世界的操作能力的延伸，如助残能力、远程执行能力等。人工智能技术的开展对于提高泛在网的应用能力将起到极大的推动作用。

3. 异构终端协同技术

多种异构终端进行协同，可以不用再把提升单一设备功能作为重点，也不再局限于物理位置上相关性，而是依靠协同网络中不同能力的智能设备，以用户业务任务为根据，重构分布式终端系统，收集更加广泛的上下文信息，提供更优异的以用户为中心的业务。

4. 上下文感知技术

上下文感知是对上下文信息进行自动收集、分发、管理及利用。它是泛在网认知能力的重要体现，主要包括对上下文信息的理解、获取、建模与表示、存储、交互控制及推理等方面技术。

在泛在网应用环境中,人会持续地与环境设备进行隐性交互,这需要系统有能力感知与交互任务有关的上下文,并能够以此为根据自动做出决策、提供服务。因此,上下文感知技术也是实现泛在网新型人机交互的基础。

5. 自然人机交互技术

在日常生活中,人们更多的是依靠听觉信息与视觉信息进行交互,因为这些方式可使人们获得更加明确的存在感和强烈的真实感。因此,通过语音以及视觉进行人与计算设备之间交互,正成为最主要的自然人机交互方式。自然人机交互技术,能利用人的日常表达进行交互,具有意图分析与感知能力,强调人机关系的和谐性与交互方式的自然性,如图 8.6 所示。

图 8.6　自然人机交互

泛在网使人与计算环境的交互变得和人与人之间的交互一样自然、一样方便。

6. 移动性管理技术

实现“5A”条件下的通信需求,是泛在网的目标。因此,网络需要满足这样的要求,无论是同构网络间或者是异构网络间都必须实现无缝切换以保证业务连续,可支持网络、业务、终端和个人的移动性,具有开放的通用移动性管理架构,支持可扩展性及可管理性,为异构网络间的切换提供高效的命名解析、位置管理、切换决策自主触发等支撑。

7. 业务适配与合成技术

网络走向全覆盖,催生业务走向多元化,过去单一的语音、数据业务类型已发展到多媒体业务占据业务主导地位。通过面向服务的系统功能,可以将简单的服务或任务合并,进而完成用户复杂的业务需求。

业务适配与合成,就是协同多系统间的可用服务资源,以动态适配用户和环境的需求。泛在业务增长很快，要满足用户需求，网络的异构性、资源的有限性、对象的移动性等都是挑战。借助上下文感知的业务模型构建、业务发现与选择、移动性管理、动态合成与适配等关键技术，实现泛在业务环境的个性化智能业务遇到的困难都能够得到解决。

8. 管理与安全技术

构建面向泛在应用的、以用户为中心的、可管可控可信的网络支撑体系，是泛在网发展的关键问题之一。可管可控主要指异构网络融合的透明化及良好的可扩展性，可实现网络组件化及即插即用自主管理，可实现泛在节点自组织工作模式与终端自主管理；可信指能够对网络及业务环境的变化做出可靠的快速反应，能够保护用户个人隐私，保证泛在网中传感采集、数据传输、业务认证端到端的信息安全。解决这些关键技术对泛在网的发展至关重要。

8.6   基于物联网的支撑

泛在网构想的提出在很大程度上依赖物联网的支撑。感知技术、智能技术的发展及其相互融合，使得信息技术互联方式，开始由以人与人互联主导的互联网方式，向以物与物互联主导的物联网方式转变，既实现物与物的相联，又实现物与人的沟通，还兼顾人与人的通信，逐步向智慧化的泛在信息社会迈进。

8.6.1   物联网概念诞生的背景

1999 年麻省理工学院自动标识中心（MIT Auto-ID Center）提出物联网（the Internet of things）的概念，旨在把所有物品通过射频识别等信息传感设备与互联网连接起来，建立网络无线射频识别（radio frequency identification，RFID）系统，实现智能化识别管理。

国际电信联盟（ITU）在 2005 年发布的年度技术报告《ITU Internet reports 2005——the Internet of things》，正式确定了"物联网"的概念，介绍了物联网的特征、相关的技术、面临的挑战和未来的市场机遇，指出了"物联网"通信时代即将来临。

2009 年，欧盟发表了《Internet of things——an action plan for Europe》，在世界范围内首次系统地提出了物联网发展和管理设想；同年日本制定了 I-Japan 计划，韩国通过了《物联网基础设施构建基本规划》。

同一年，时任国务院总理温家宝在考察中科院无锡高新微纳传感网工程技术研发中心时,明确指示要早一点谋划未来,早一点攻破核心技术,并且明确要求尽快建立中国的传感信息中心,或者叫"感知中国"中心;并指出"要着力突破传感网、物联网的关键技术,及早部署后 IP 时代相关技术研发,使信息网络产业成为推动产业升级,迈向信息社会的'发动机'"。

同一年,时任美国总统奥巴马对 IBM 公司提出的"智慧地球"(Smarter Planet)设想给予积极回应,认为这个设想有助于美国的"巧实力"(Smart Power)战略,应作为继互联网之后国家发展的核心领域。

中美两国领导人的表态,使作为"智慧地球"核心技术之一的物联网/传感网技术,得到各方空前的重视。"感知中国"的理念,也使物联网概念在中国成为继计算机、互联网和移动通信之后引发新一轮信息产业浪潮的核心。中国物联网建设走上了从概念推广、政策制定、配套建设到技术研发的发展路程。

应该说,十多年过去了,世界物联网技术的整体推进远没有达到领导人当时的期待。特别是在中国,物联网的发展没有能够像许多其他行业那样实现弯道超车,反而滞后于许多国家。整体方面,物联网的复杂性和实施困难超出预期;国内方面,存在着战略定位、蓝图规划、落地政策等多方面的因素。

8.6.2　物联网的定义

从物联网的实现手段来看,就是在客观存在的物理实体中,安装具有一定感知能力、计算能力和执行能力的硬件和软件,使之成为智能物体,通过网络进行信息传输,与其他智能物体实现协同和工作,从而实现物与物的互联。例如,把感应器装备到铁路、公路、桥梁、隧道、电网、供水系统、油气管道、大坝、建筑等各种固定的基础设施中,或者装备到列车、汽车、轮船、手机、可穿戴设备等移动的设施上,或者装备到各种生产资料和资产中,通过既有的网络连接起来,不但能实现物理世界物与物的互联,也实现了人类社会与物理系统的整合。

由于各行各业的研究者出发点不同,研究目标也不尽相同,对物联网概念的理解各种各样,对物联网的定义很难达成共识。下面给出三个有一定代表性的定义以供了解。

(1)物联网是未来网络的整合部分,它是以标准、互通的通信协议为基础,具有自我配置能力的全球性动态网络设施。在这个网络中,所有实质和虚拟的物品都有特定的编码和物理特性,通过智能界面无缝链接,实现信息共享。

(2)物联网是由具有标识、虚拟个性的物体/对象所组成的网络,这些标识和个性运行在智能空间,使用智慧的接口与用户、社会和环境的上下文进行连接和通信。

（3）物联网指通过信息传感设备，按照约定的协议，把任何物品与互联网连接起来，进行信息交换和通信，以实现智能化识别、定位、跟踪、监控和管理的一种网络。它是在互联网基础上延伸和扩展的网络。

虽然有着许多不同的关于物联网的定义，但也有一个重要的共识，物联网本质上是实现物理空间与信息空间的融合，通过将一切事物数字化、网络化，在物品之间、物品与人之间、人与现实环境之间，提供一种高效的交互方式。

8.6.3　物联网的基本特征

物联网的核心任务是完成物与物以及物与人之间的信息交互。这要求物联网必须具备以下基本特征：

（1）感知全面化。利用各种身份识别技术、感应探测技术、捕获测量技术随时随地对物体进行全方位信息采集和获取。

（2）传输可靠化。虽然是依托各种既有通信网络，但也要确保随时随地进行可靠的信息传输。

（3）处理智能化。海量的感知数据和信息是物联网的特点，需要利用各种智能计算技术进行分析处理，以及实现智能化的决策和控制。

8.6.4　物联网、传感网与泛在网三者关系

在上一节有关泛在网层次的分析中，讲到了感知层的概念，传感器网是感知层主要的组成部分。ITU 明确定义传感器网是包含互联的传感器节点的网络，这些节点通过有线或无线通信交换传感数据。传感器节点是由传感器和可选的能检测处理数据及联网的执行元件组成的设备；而传感器是感知物理条件或化学成分或生物成分并且传递与被观察的特性成比例的电信号的电子设备。传感器网的显著特点是资源受限、自组织结构、动态性强、应用相关、以数据为中心等。

基于以上综合分析，物联网与传感器网、泛在网的关系可以概括为，泛在网包含物联网，物联网包含传感器网，如图 8.7 所示。物联网是迈向泛在网的第一步，传感器网是物联网实现数据信息采集的末端网络之一。在各类传感器之外，还有 RFID、二维码、内置移动通信模块的多种类型的终端，都属于物联网的感知单元。

8.6.5　物联网的关联概念：M2M 和 CPS

M2M 和 CPS 是与物联网关联度很高的两个概念，由于应用环境及发展

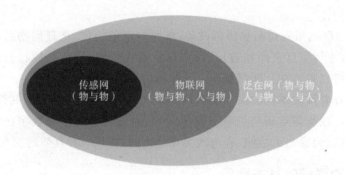

图 8.7　传感器网、物联网与泛在网的关系

历程不同,形成了特定的语义内涵。

　　M2M 一般指机器与机器(machine to machine)之间的通信,更多的是指非 IT 机器设备通过移动通信网络与其他设备或 IT 系统的通信,是以机器智能交互为核心、网络化的应用与服务。M2M 在工业控制、电力、水利、石油、交通、医疗等多个行业得到广泛应用,也得到许多标准化组织的支持。

　　CPS(cyber physical system,网络化物理系统)是一种利用计算技术监测和控制物理设备行为的嵌入式系统,是一个综合了计算技术、网络技术、控制技术并与物理环境相融合的多维复杂系统,以实现物理世界和信息世界的相互作用,提供实时感知、动态控制和信息反馈等服务。

　　本质上,M2M 和 CPS 都是物联网的表现形式。从概念内涵来看,物联网强调全球联通的概念,包含了万事万物的信息感知和信息传送,强调的是网络的联通作用;M2M 则主要强调实际应用,偏重于机器与机器之间的通信,因此得到了工业界的重点关注;而 CPS 更强调循环反馈的概念,要求系统能够在感知物理世界之后,通过通信与计算再对物理世界起到反馈控制作用,所强调的是通过网络实现的反馈和控制作用。例如,通过网络查询快递的物流信息就是一项简单的 IOT 应用;而农田的自适应灌溉系统则属于 CPS 的范畴。

8.6.6　物联网的体系架构

　　由于物联网是泛在网的主体构成部分,因此物联网与泛在网的体系架构是趋同的。但语境的不同,使得相应描述也有很大区别,泛在网体系结构更强调无所不在、网络融合,物联网体系架构更强调物物互联、全面感知。物联网体系架构是泛在网体系架构的基础。

　　与物联网的概念类似,目前还没有一个规范化的物联网体系架构模型。物联网的体系架构可以用泛在网的架构来描述,由感知层、网络层、应用层构成;也可以用传感器网络的架构来描述。在中国还没有物联网概念的时候,物联网被称为传感网,在后来的多数时候,也都以 ITU 的 USN(ubiquitous sensor network,泛在传感器网络)架构为讨论参照。因为实际上,ITU 并没有单独针对物联网技术路线的研究,它是在泛在网的研究体系中,将人与物、物与物之间的通信作为其重要功能之一来进行研究。在泛在网的研究中,ITU 强调要在 NGN(next generation network,下一代网络)的基础上,增强网络能力,实现人与物、物与物之间的泛在通信,扩大和增加对广大公众用户的服务。

USN 架构如图 8.8 所示,自下而上分为底层网络、接入网络、基础骨干网络、中间件、应用平台 5 个层次。

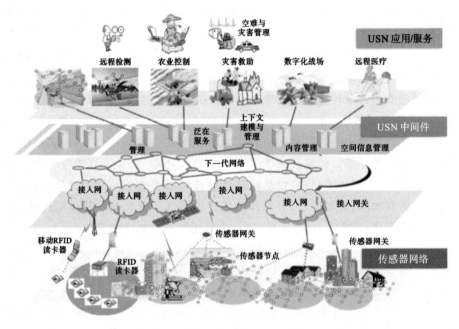

图 8.8　USN 架构

NGN 作为核心的基础设施为 USN 提供支持,依托 NGN 架构是 USN 分层框架的一个最大特点。多种传感器网络在最接近用户的地方组成无所不在的网络环境,用户在此环境中使用各种服务。

USN 架构虽然成功描述了物联网的基本物理构成,但要满足能够指导建立实际的物联网系统的要求,还有很远的距离。因此,深入研究物联网系统实现的关键技术和方法,设计出具有通用性的物联网系统模型,有着极大的必要性。但是,物联网覆盖各行各业,应用需求各异,实现这样的目标无疑是一个巨大的挑战。在第 10 章"万物互联,万网互通"中,将对此做进一步的探讨。

8.6.7　物联网的关键技术

ITU 在 2005 年的物联网报告中指出了物联网的 4 个关键性应用技术——RFID 技术、传感器技术、智能技术、纳米技术。15 年过去了,物联网相关技术的进步虽然可圈可点,但与需求相比,甚至与应该有的进步相比,差距太大,特别是在中国。

1. RFID 技术

RFID 技术,主要是实现物品标识。它是一种非接触式的身份识别技术,通过射频无线信号识别目标对象。物品标识定义与身份识别是物联网的基础。

RFID 技术具有读取方便、识别速度快、数据容量大、使用寿命长、应用范围广、安全性好、动态实时通信等优点。这项技术已经获得长足发展,但在细分领域的专用性及环境适应性等方面仍存在非常大的发展空间。

2. 传感器技术

物联网系统中的海量数据信息来源于众多终端设备,而终端设备数据来源依靠的是传感器。传感器赋予了万物"感官"功能,如人依靠嗅觉、听觉、视觉、触觉感知周围环境一样,物品通过各种传感器也能感知周围环境,且比人的感知更有效率、更加准确、可感知的内容更多样。像物品的具体温度值、温度的细微变化,或者几百、上千的高温,人是无法通过触觉来感知的。

传感器按照工作原理可分为物理性传感器(基于力、热、声、光、电、磁等效应)、化学性传感器(基于化学特性识别)和生物性传感器(基于生物分子识别),基本可以覆盖物品传感的各类需求。

传感器的核心技术主要是敏感机理、敏感材料、敏感元件及传感算法。中国虽然在传感器的相关标准方面有一定发言权,但敏感材料、敏感元件方面与国外水平差距还很大。比如新冠疫情期间,测温设备使用的温度敏感元件成了瓶颈配件,并且高精度产品多数依赖进口。敏感机理、传感算法也都存在极大提升空间,传感器在被检测量类型和精度、稳定性、可靠性、低成本、低功耗方面还没有达到规模应用水平,无法满足物联网产业化发展的需要。

3. 智能技术

物联网的智能技术涵盖知识管理、知识表达、知识推理、智能计算、机器学习等多方面技术。从感知层、网络层到应用层,无处不需要智能技术的支撑,智能识别、智能终端、通信路由选择、边缘计算、云计算,都是支撑物联网的重要技术,没有智能技术的物联网,将一无是处。近几年,中国的人工智能技术获得了相对快速的发展,这对物联网技术的发展推进作用很大。

4. 纳米技术

纳米技术是研究结构尺寸在 0.1～100 nm 内材料的性质和应用，纳米材料的制造和研究是整个纳米科技的基础。纳米技术的目的是微缩物品，它的优势意味着物联网当中能够交互和连接的物品体积越来越小、响应速度越来越快、功耗越来越低。应该说，中国材料科学基础及集成电路技术水平都比较有限，在物联网领域，对纳米技术关注度也不够，因此，这方面的发展乏善可陈。

除了以上关键技术，传感器网络的通信技术也非常重要。

8.6.8 传感器网短距离通信技术

传感器网络采用的通信技术主要是短距离通信技术，主要包括 RFID、NFC、Bluetooth、ZigBee、UWB、60 GHz 毫米波、IrDA 红外线、WiFi 等通信技术。RFID 技术既是物品标识技术，同时也是通信技术，上面已经做了介绍。

1. NFC 通信技术

NFC(near field communication，近距离通信)是在 10 cm 内的近距离，电子设备之间进行非接触式点对点数据传输和数据交换的高频(13.56 MHz)无线通信技术。

NFC 技术具有高速率、高带宽和低损耗特点，安全性高，双向连接和识别。

2. Bluetooth(蓝牙)通信技术

Bluetooth 技术是一种支持设备间短距离通信(一般 10 m 内)的无线通信技术，能使众多移动或固定终端之间实现方便快捷、灵活安全、低成本、低功耗的话音和数据通信。

Bluetooth 技术具有移动性、兼容性、开放性、抗干扰性、功耗低、成本低等特点。

3. ZigBee 通信技术

ZigBee 技术是一个由可多达数万个无线数传模块组成的无线数据网络，用于电子设备之间进行数据传输。ZigBee 每个网络节点间的距离可以扩展到数百米，甚至几千米。

ZigBee 技术具有短距离、低复杂度、低功耗、低速率、低成本、双向通信等特点。

4. UWB(超宽带)通信技术

UWB(ultra wide band，超宽带)通信技术是一种无载波通信技术，不采用正弦载波，而是将通信信号直接调制到脉宽为纳秒级的脉冲上，形成扩频超宽带信号进行信息传输，能实现 10 m 距离内的数百 Mb/s 至数 Gb/s 速率的通信。

5. 60 GHz 通信技术

60 GHz 毫米波通信是指，利用频率在 60 GHz 左右的毫米波进行高速率、大容量无线传输的短距离通信技术。

毫米波通信具有频谱范围宽、信息容量大、传输速度高、具有数 Gb/s 速率、分辨率高、抗干扰性好、能穿透等离子体、多普勒频移大、测速灵敏度高等特点。

6. IrDA 红外通信技术

红外线通信是指，利用波长为 950 nm 近红外波段的红外线进行信息传播的短距离无线通信技术，是一种传统的、得到广泛应用的技术。

7. WiFi 通信技术

WiFi(wireless fidelity)是一种可以将个人计算机、手持设备（如 PDA、手机）及其他终端设备以无线方式互相连接的短距离无线通信技术。

WiFi 通信技术具有覆盖范围广（覆盖半径高达 100 m 左右）、传输速度高、支持 600 Mb/s 的数据速率、无需布线、低成本、对人体无害、组网方式简单等特点。

IGnet 协议在充分采用成熟技术的基础上，合理运用了新兴的分布式数据存储技术、普适计算技术、泛在网技术、物联网技术、人工智能技术、区块链技术和 5G 技术，在确保实用性的同时，提供了适度的先进性和未来的可成长性。

第9章 立足共性，IGnet 通信协议能够多领域应用

▪ 本章导读 ▪

　　作为一项面向实际工程建设需要的技术实践，IGnet 通信协议具有适应能力强、适用范围广、可整体解决多领域智能化需求的重要特点。它将人、设施、地理、事件、时间、数据等共性信息进行深度特征概括，在智慧建筑、智慧工业、智慧城市、智慧乡村等领域以及相关细分领域的建设中，都能够提供良好的技术支撑，提升建设水平。

　　从 IGnet 协议诞生的初衷到其实践与实现过程的表现，诠释了 IGnet 协议所具有的适应能力强、适用范围广泛、可整体解决多领域智能化需求的重要特点。

　　IGnet 协议的应用，首先要考虑它可以包含的各种物理对象实体。原则上讲，可以包含各种物理对象实体，没有局限性。为了更加直观地感受，现就常见的一些实体举例如下。

　　(1) 建筑附属设备：

电梯或升降机　　　　　　　　集中式或分布式中央空调

地暖系统　　　　　　　　　　加湿或除湿机

给排水设备　　　　　　　　　通排风及新风设备

照明设备　　　　　　　　　　遮阳设备

门窗　　　　　　　　　　　　其他暖通设备

电话交换机　　　　　　　　　高低压配电设备

电源质量补偿设备　　　　　　……

　　(2) 安全防范设备：

视频监控设备　　　　　　　　访客通信设备

电子巡更设备　　　　　　　　人行门禁设备

车辆门禁设备   报警探测设备

卫星定位设备   生物身份识别设备

……

（3）传感设备：

温湿度传感器   气体传感器

空气质量传感器   距离传感器

气压传感器   红外传感器

照度传感器   身体健康状态传感器

……

（4）办公设备：

办公网络   打印机

复印机   传真机

投影机   二维码识别

ID/IC 识别   IP 数字电话

PC   ……

（5）音视频设备：

背景音乐设备   公共广播设备

专用呼叫设备   信息公告设备

音视频共享设备   多媒体会议设备

远程会议设备   影音娱乐（影院、卡拉 OK）设备

……

（6）家用电器：

电视机   音频/视频源设备

音频功率放大器   电冰箱

电饭煲   微波炉

壁挂空调   洗衣机

热水器   净水机

空气净化器   ……

（7）工业设备：

电力行业（如变电站主变、高压开关、各种传感器等）

污水处理行业（如污水泵、螺旋泵、罗茨鼓风机、表面曝气机、自动加料机、自动取水样机等）

化工行业（如各种过滤机、旋转干燥机、流体输送机械、反应器、换热器及现场生产设备等）

......

（8）专业设备：

市政专用设施	交通专用设备
旅游景区设备	教学设备
医疗设备	养老设备

......

这些物理对象可能是 IGnet 系统的服务目标，也可能是 IGnet 系统的数据提供者。与物理对象实体的连接，是 IGnet 协议应用的基础。以下举例说明其在各领域应用的可行性。这些举例中的功能都是示意性的，真实应用中的功能原则上都是可以根据实际需求进行量身定制的，形成真正的个性化特色应用。

9.1　智慧建筑

建筑是人类生活与工作的基本载体。智能化在该领域对人的生活工作影响最为直接，智慧家庭（智能家居）、智慧酒店、智慧大厦（智慧办公）、商业综合体、博物馆、展览馆等，通过智慧系统技术可以将建筑打造为"健康、安全、绿色、智慧"的生活和工作环境。

【例 9.1】　智慧办公系统架构，如图 9.1 所示。

图 9.1　智慧办公系统架构

【例 9.2】 商业综合体系统架构,如图 9.2 所示。

图 9.2 商业综合体系架构

9.2 智慧工业

工业是国民经济的重要基础,工业智慧化程度的高低直接决定着生产效率和企业经营水平的高低,是关系到国计民生和影响国际竞争力的重要因素。从供应到销售、从环境到车间、从研发到制造,全方位需要智慧技术的支撑。智慧电厂、智慧变电站、智慧工厂、智慧园区、各类工业场合都有着智慧系统的用武之地。

【例 9.3】 智慧工厂系统架构,包括办公区、生产调度、物流、仓储,如图 9.3 所示。

图 9.3 智慧工厂系统架构

【例 9.4】 智慧电厂系统架构，如图 9.4 所示。

图 9.4 智慧电厂系统架构图

9.3 智慧城市

城市是人们生活、工作的大空间，除了智慧建筑、智慧工业的应用，还有智慧社区、智慧校园、智慧医疗、智慧交通、智慧养老、智慧物流、智慧环卫等各种各样的应用。智慧城市的全方位应用，可以提高整个城市的综合治理水平、应急处置能力、民生服务能力、产业发展能力、运行效率和运行质量。

【例 9.5】 智慧社区系统架构，如图 9.5 所示。

图 9.5 智慧社区系统架构图

【例 9.6】 月子中心系统架构,如图 9.6 所示。

图 9.6 月子中心系统架构

【例 9.7】 智慧医疗系统架构,如图 9.7 所示。

图 9.7 智慧医疗系统架构图

【例 9.8】 智慧养老系统架构,如图 9.8 所示。

图 9.8 智慧养老系统架构图

【例 9.9】 智慧城市系统架构，如图 9.9 所示。

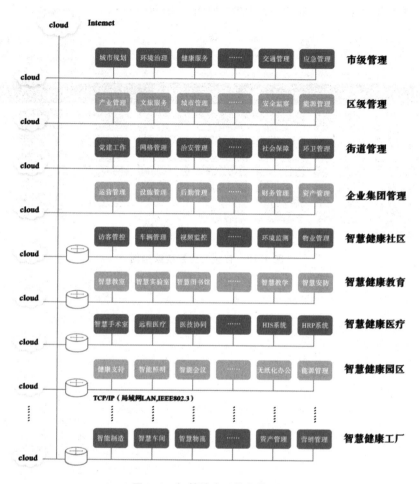

图 9.9 智慧城市系统架构图

9.4 智慧乡村

智慧乡村的应用包括智慧农业、智慧养殖、智慧旅游等多个方面。例如，智慧农业的应用通过对农业生产环境信息和农作物生长信息的全面感知、可靠传递，以及对所提取信息的智能处理与判断、准确及时地判断问题和精确量化的资源投放，来有效地提高生产率并降低消耗和污染。各种智慧系统的应用将快速促进乡村物质文明和精神文明的同步发展，改善乡村环境，提升乡村发展水平。

【例 9.10】 智慧农业系统架构,如图 9.10 所示。

图 9.10 智慧农业系统架构图

第 10 章　万物互联，万网互通，才能走向智慧系统

▪ 本章导读 ▪

网络的价值与网络用户数的平方成正比，因此网络价值的提升完全依赖于万物互联与万网互通。从 IOT 到 IOE，能够实现万物互联；从单一网络到网络融合，能够实现万网互通。物联网应该是"连接并且提供物品相关服务的全球信息基础设施"，而中国国家标准相关的定义及定位有待商榷。物联网相关标准实用性低等因素，是实现万物互联需要克服的重大困难。万网互通的实现则必须依靠异构网络融合技术的深入研究、政府政策的绝对支持以及商业模式的重新构建。

泛在网的建设是实现各种智慧系统——智慧医疗、智慧教育、智慧工业、智慧城市等的基础，而万物互联与万网互通是泛在网建设的前提。

10.1　万物互联是基础

物联网的发展目标就是万物互联，也可以说万物互联是物联网的高级发展阶段。

10.1.1　万物互联

万物互联（Internet of everything，IoE），是指将人、物品、流程、数据和情景等一切事物联结在一起，让网络连接变得相关度更高，从而更有价值。

有一个关于网络的价值规律的定律叫梅特卡夫定律（Metcalfe's law）。该定律认为，一个网络的价值等于该网络内的节点数的平方，而且该网络的价值与联网的用户数的平方成正比。这条定律是用科技先驱、3Com 公司的创始

人罗伯特·梅特卡夫（Robert Metcalfe）名字命名的,以表彰他在网络技术方面的贡献。图10.1形象地描述了这一理念。

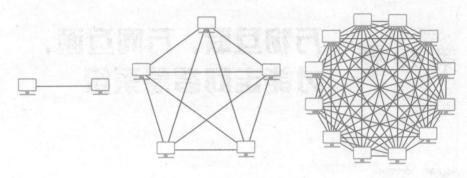

图 10.1 网络价值与用户数的关系

该定律表明,一个网络的用户数目越多,那么整个网络和该网络内的每台设备的价值也就越大。万物互联,会让网络的连接数目上升至万亿甚至百万亿,将使网络的力量变得令人难以置信的强大。

10.1.2 从 IOT 到 IOE,困难知多少

从 IOT 到 IOE,绝不只是量的扩展,而是关于物联网的认知与理念质的飞跃。如何实现这一飞跃,作者认为重点需要解决以下三个问题:第一是解决关于物联网定位的问题;第二是解决物联网标准实用性的问题;第三是解决物联网标准落地的问题。

(1) 物联网到底需要一个什么样的定位?

我们经常说到的"物联网"到底是一个什么样的概念,相信大多数人甚至大部分研究和技术开发人员都把物联网简单地理解为"物品相连接的网络",而英文"Internet of things"的原意是"物品互联网",是互联网(因特网)的延展。把它翻译成为"物联网"应该说是让多数人产生歧义的直接原因。

中国国家标准《物联网 术语》(GB/T 33745—2017)中,对"物联网(Internet of things,IOT)"的定义是:通过感知设备,按照约定协议,连接物、人、系统和信息资源,实现对物理和虚拟世界的信息进行处理并作出反应的智能服务系统。

而在国际上,更多的共识是把物联网作为"连接并且提供物品相关服务的全球信息基础设施"。所谓基础设施,就像修铁路、造机场、建设城市管廊一样,进行顶层规划、确立建设标准,根据发展需要逐步实施。同时,物联网概念也是与泛在网、传感器网相互依存的概念。

GB/T 33745—2017 关于物联网的定义,应该说是糅合了泛在网的思想,

"连接物、人、系统和信息资源，实现对物理和虚拟世界的信息进行处理并作出反应"，给人的感觉是"物联网即一切"。应该说模糊了物联网与互联网、泛在网及传感器网概念之间的区别，在我国有关网络的专业技术体系中，相关概念的内涵和外延如何定义，亟待研究。

另一方面，物联网应该是"智能服务系统"，还是"基础设施"？作者更认同"基础设施"的观点，如图 10.2 所示。智能服务系统只是一种应用，需求可能千差万别。而基础设施强调的基础性、通用性，是为应用服务的。把物联网作为一种应用，降低了它应有的定位。

图 10.2 把物联网建设成为一种新型基础设施

如果从"基础设施"角度对物联网进行定位，必须由政府高层来进行决策。定位产生问题，就会给相关领域的核心理论及核心技术研究、技术应用开发等，带来非专业的、不准确的研究和开发导向。长此以往，必将对我国物联网技术的研究、开发及其产业化造成伤害，进而会干扰和阻碍我国物联网技术及其产业的健康发展，最终影响到国家的发展进程。

过去的十年，国家及各级政府在物联网、智慧城市给予很大的投入，而实际的产出效果有限，物联网行业并不乐观的实际发展状况，与关于物联网的定位是否有直接相关，值得我们深入思考。

（2）物联网标准与实用距离有多远？

物联网的核心是"联"，如何"联"则依靠的是"联"的标准。物联网横跨千行百业，需求各不相同，制定这个"联"的标准，其难度可想而知。物联网的标准有国际的、国内的，有企业的、团体的，有行业的、国家的。各个企业或行业在自己的发展过程中，在物与物直接连接方面，形成了许多适合自己行业特点的技术标准,应该说,这一方面的实用性都是足够的。但站在整个物联网的角度,难以有广泛的适应能力,因此实用性都存在着各种不同的欠缺。国际及国家的通用标准,更多的是从概念性、体系性、通用性出发,站在某个行业角度看,必然是缺乏针对性和实用性的。

物联网标准与实用距离到底还有多远?应该说还在慢慢路途中。解决这一问题的主要着眼点应该放在深度挖掘物联网需求的共性点,融个性需求于共性需求之中,一定条件下也可照顾必需的个性需求。就像黄种人、白种人、黑种人,可能分别以大米、面粉或者香蕉为主食,可能使用筷子、刀叉或手抓等不同方式。表面看各不相同,但本质上都有共性:其一,为了填饱肚子都得吃饭;其二,为了方便可以用工具。那么解决问题就容易多了,比如飞机上都吃一样的盒餐,用一样的刀叉,到了饭店就可以各取所需。

物联网要服务的功能需求虽然千差万别,但其中有着许许多多的共性需求,如数据的获取、数据的传输、数据的处理、数据的安全等。深度挖掘这些共性点,是我们为逐步提高物联网标准实用性而努力的方向。

(3)物联网标准落地有多难?

物联网标准的实用性不足,是物联网标准落地难的原因之一。还有两个更重要的原因:第一,企业或团体利益的驱使,让他们主动采用标准的动力不足,反而在技术的发展和应用过程中,人为设置了许多壁垒;第二,已经发布的多数标准都是建议性标准或推荐性标准,没有约束力,到后来就会形同虚设。

这三个重要的原因都会长期存在,因此物联网标准落地的难度可想而知。如果从"基础设施"角度对物联网进行定位,这样的状况显然是不允许长期存在的。"书同文,车同轨",是进行基础设施建设的前提条件,推进标准落地是物联网建设的关键。

从 IOT 到 IOE,必定是困难重重。对于如何加速推动这一进程的发展,有以下建议:

(1)提升物联网在国家发展中的战略定位,聚焦并引导物联网核心理论及核心技术的研究方向;

(2)提高物联网相关标准制定的起点与高度,以适应物联网的战略定位;

(3)加强物联网标准实用性的研究与实践,采取有效措施引导企业及团体履行社会责任;

(4)利用国家体制优势,对必要性高且综合水平达到要求的标准,作为强制性标准推广实施。这将是一项重要且有效的措施。

10.2 物联网标准建设,任重而道远

10.2.1 物联网标准体系的复杂性

物联网标准体系十分复杂,如图 10.3 所示。除了有其自身体系结构复杂的原因外,还有两个重要原因:第一,由于物联网涉及许多专业技术领域、不同应用行业,物联网的标准既要涵盖面向不同应用的基础公共技术,也要涵盖满足行业特定需求的技术标准;第二,物联网标准是国际物联网技术竞争的制高点,参与标准制定的机构众多。即便是同一类别的应用,其标准化工作也分散在不同的标准组织。以 M2M 为例,涉及相关技术研究的国际标准化组织和工业组织如图 10.4 所示。

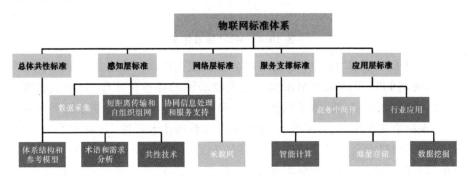

图 10.3 物联网标准体系图

其中,不同标准组织总的工作侧重点都有不同,但也有工作重叠和交叉。例如,ITU-T 主要集中在泛在网总体框架、标识、应用 3 个方面;ISO、IEEE(电气及电子工程师学会)主要侧重于传感器网;EPC Global(一个中立的、非赢利性标准化组织)主要侧重于 RFID。总的来说,物联网的标准化工作都处于较分散的状态,要完成物联网的整体标准化工作,需要更多的组织携手才有可能性。

10.2.2 标准化组织在行动

国内外著名的信息和通信领域标准化组织,都十分关注物联网的技术标准化工作,中国通信标准化协会(CCSA)、ITU-T(国际电信联盟电信标准化部)、ISO(国际标准化组织)、ETSI(欧洲电信标准化协会)、IETF(因特网工程工作组)都一直系统地在多种层面开展物联网技术标准化工作。ITU-T 早在

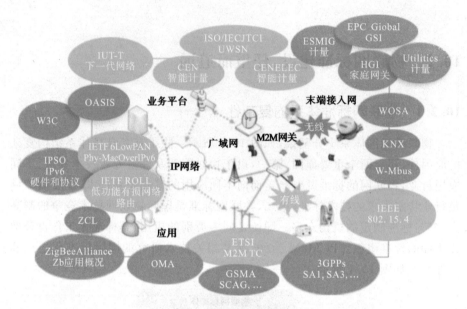

图 10.4　M2M 标准体系

2011 年还启动了以"IoT-GSI（物联网全球标准化行动）"命名的物联网标准化工作,协调 ITU-T 内部多个研究组有关物联网的标准化工作,分别从物联网需求、物联网功能框架、体系结构、物联网相关的协议和接口等方面展开物联网技术标准化工作,公布了有关物联网的一系列技术标准,其中于 2014 年公布了有关物联网通用需求的建议书 ITU-T Y. 2066;ETSI 系统地开展了 M2M（机器与机器通信）的技术标准化工作,并于 2013 年进一步更新了有关 M2M 体系结构的技术规范;IETF 系统地开展了面向无线传感器网络等装置类联网应用环境的资源受限的网络互联技术,以及网络应用技术的技术标准化工作。值得关注的是 IETF 和 ETSI 后来也都分别启动了物联网体系结构的标准化项目,期望能够引领国际物联网技术标准化工作。

　　中国物联网标准联合工作组于 2010 年成立。由工业和信息化部电子标签标准工作组、信息设备资源共享协同服务标准工作组,以及全国信息技术标准化技术委员会传感器网络标准工作组、全国工业过程测量和控制标准化技术委员会共同倡导、发起包含全国 11 个部委及下属的 19 个标准工作组,以及一批观察员单位,目标是整合国内物联网相关标准化资源,联合产业各方共同开展物联网技术的研究,积极推进物联网标准化工作,制定符合中国发展需求的物联网技术标准。

　　十余年来,工作组及相关单位的专家们不懈努力,从无到有,推出了一批物联网标准。2018 年 8 月 30 日,ISO/IEC JTC 1/SC 41（物联网及相关技术分技术委员会)标准项目 ISO/IEC 30141:2018《物联网 参考体系结构》正式发布。该国际提案于 2013 年 9 月由中国电子标准化研究院和无锡物联网产业研究院联合提出,在国家标准化管理委员会、工业和信息化部等相关部门的指导下,经历了 5 年的努力推进,最终获得了突破性的成果。体系架构标准的制定历来都是各领域标准化工作的必争之地和制高点,物联网体系架构标准由我国主导提出并制定,说明我国在物联网国际标准化领域的地位已发生根本性变化。

该国际标准规定了物联网系统特性、概念模型、参考模型、参考体系结构视图(功能视图、系统视图、网络视图、使用视图等),以及物联网可信性。图10.5 所示的是 ISO/IEC 30141:2018 给出的概念模型。该国际标准的发布将为全球物联网实现提供体系架构、参考模型的总体指导,对促进国内外物联网产业的快速、健康发展具有重要意义。

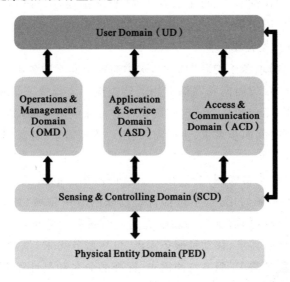

UD:用户域　　　　OMD:运行与管理域　　　ASD:应用与服务域
ACD:接入与通信域　SCD:感知与控制域　　　PED:物理对象域

图 10.5　ISO/IEC 30141:2018 物联网概念模型

在制定物联网总体架构国际标准的同时,由全国信息技术标准化技术委员会归口,国家物联网基础标准工作组组织编写的国家标准《物联网 参考体系结构》(GB/T 33474—2016)于 2016 年先于国际标准发布。

10.2.3　挖掘物联网的共性需求

前面已经提出,深度挖掘物联网需求的共性点是物联网标准建设中的重要工作。ITU-T 在发布的有关物联网通用需求建议书的描述,体现了物联网的通用特征需求。这些通用需求主要基于中国和欧盟有关物联网技术研究、开发和应用的诸多实例提炼出来的,是多个国家的专家的共同研究成果。这些物联网通用需求按照信息系统需求分析方法得出,不依赖于已有的网络功能分层模型,可以直接指导物联网体系结构的设计和标准化工作。

物联网通用需求主要包括以下 7 大类需求:非功能类需求、应用支撑类需求、服务类需求、通信类需求、装置类需求、数据管理类需求、安全和隐私保护类需求。

(1)非功能类需求。

非功能类需求不是处于物联网外部的用户、应用、服务供应商、物品等直接提出的需求,而是在实现和部署物联网过程中提出的、便于实现和部署的技术性需求,如互操作性需求、可缩放性需求、可靠性需求、可用性需求、可适配性需求、可管理性需求等。

(2)应用支撑类需求。

应用支撑类需求源于物联网应用,这类需求不同于服务类需求,并不直接面向物联网用户,仅仅面向物联网应用。这类应用支撑需求面向所有应用领域的物联网应用,不包括某个特定应用领域的特殊应用需求,如可编程接口需求、组管理需求、时间同步需求、协同需求、用户管理需求、资源记账需求等。

(3)服务类需求。

服务类需求源于物联网用户,属于直接面向用户的需求。这类需求面向所有物联网应用领域的用户,不包括特定物联网应用领域(如电子健康领域等)用户的特殊需求(如提供个人健康监测),如服务优先级需求、基于语义的服务需求、服务组合需求、移动性服务需求、自主服务需求、位置或场景感知的**服务需求**、**发现服务需求**、服务订购需求、标准的命名和寻址需求、虚拟存储和处理需求等。

(4)通信类需求。

通信类需求源于物联网用户、服务供应商、应用以及所连接物品进行数据传递和交互的需求。这类需求属于物联网通用需求,不包括特定应用领域的特殊需求,如基于事件的通信需求、周期性通信需求、单播通信需求、多播通信需求、任播通信需求、通信的差错控制需求、时间约束的通信需求、自主联网需求、内容感知的通信需求、异构通信技术集成的需求等。

(5)装置类需求。

装置类需求源于连接物联网的物品,物品通过相应的装置与物联网相连,所以连接物联网的物品需求在技术上只能表示为连接物品的装置的需求。这类需求属于物联网通用需求,不包括特定应用领域的特殊需求。这类需求是物联网特有的需求,这类需求中的所有需求都是属于物联网特征需求,如基于标识的连接需求、即插即用需求、即时监测物品状态变化的需求、装置的移动性需求、装置的完整性检查需求等。

(6)数据管理类需求。

数据管理类需求源于物联网的物品管理主体,如物联网服务提供商、物联网数据提供商的需求,这是现有互联网、电信网没有的需求,这类需求中的所有需求都属于物联网特征需求。这类需求属于物联网通用数据管理需求,不局限于任何物联网应用领域,如物品数据分类需求、物品数据融合和挖掘需求、物品历史信息查询需求、物品所有者管理的访问控制需求、数据交换的需求、物品数据完整性检查需求、物品数据生命期管理需求、数据的语义标注和查询需求、自动数据存储和传送及汇聚需求等。

(7)安全和隐私保护类需求。

安全和隐私保护类需求源于物联网用户、服务供应商、数据管理员以及连接的装置,这类需求属于物联网特征需求,仅仅包括了所有应用领域公共的安全和隐私保护需求,如通信的安全与隐私保护需求、数据管理的安全和隐私保护需求、服务的安全和隐私保护需求、装置的安全和隐私保护需求、安全策略和隐私保护策略集成需求、符合安全和隐私保护法律和法规的需求等。

这些通用需求从概念上厘清了物联网最主要的共性需求,对制定相关物联网标准有重要的指导意义。但是物联网细分共性需求的深入挖掘更加重要,因为细分共性需求与我们的真实需要更为接近。当然,在这一挖掘过程中,以上共性需求的梳理原则和思路仍有着重要的借鉴指导作用。

10.3 万网互通是关键

泛在网建设的关键是无处不在的网络能够互通,只有万网互通才能够发挥既有网络的作用,才能够让泛在网变成现实,才能够提升梅特卡夫定律(Metcalfe's law)描述的关于网络的价值。如果网络之间不能实现有效互联互通,则会形成许多信息孤岛,无法提供具有端到端服务质量(QoS)保证的通信服务,从而大大削弱网络的整体效用,降低用户的服务体验。

10.3.1 异构网络环境的形成

网络的形成是一个漫长的过程。每个网络都是为了特定的需求而形成的,并且网络形式受制于当时的技术条件而各不相同。5G 技术的出现,大大扩展了移动通信的应用范围;IPv6 技术的出现把互联网技术带入一个全新的发展阶段;物联网技术的出现,更是促进了以短距离通信为主要特点的多形态网络的形成。大量不同类型的网络,形成了一个复杂多样的异构网络(heterogeneous network)环境,如图 10.6 所示。

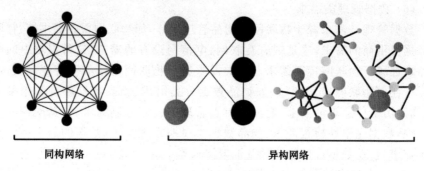

同构网络　　　　　　　　　　　异构网络

图 10.6　多形态网络

从有线通信网络(主要是 PSTN 网络和互联网)、无线通信网络到卫星通信网络,人们信息获取和传输的手段以及数据存储和共享的方式不断地发生着变化。当前,各具特点的多种形式的网络并存。在可以预见的未来,无论是从经济上考虑,还是从技术上考虑,不可能有哪一种网络能够独自满足各类用户多样化的通信服务需求。因此,大量异构网络共存发展的局面将长期存在。

10.3.2　多网合一与多网综合

多形态异构网络的弊端是显而易见的,如重复建设、资源浪费、无法共享、维护困难等。因此,在网络的发展进程中,人们不断地会有新的设想,希望能够消除这些弊端。其中,多网合一与多网综合都是有影响力的设想。

多网合一的设想在国内外都有人提出。这种设想是寄希望于能够在物理层面实现网络的统一,为各种业务提供服务。但这种设想显然过于理想化,五花八门的技术机制和激烈博弈的现实世界,使其根本不可能有实践的机会。

另一种关于多网综合的设想则获得了实践机会。20 世纪 70 年代,通信界就提出过网络和业务综合(network and service integration)的概念,如综合业务数字网(ISDN)和宽带综合业务数字网(B-ISDN),在相当长的一个时期,都是许多国际著名企业努力的方向。由于当时这种综合业务需求尚未达到规模,技术发展水平也不够,或者说,由于对数字通信和互联网技术发展的预期不足,选择了一个错误的技术方向,总之 ISDN 未能获得成功。B-ISDN 的基本原理如图 10.7 所示。

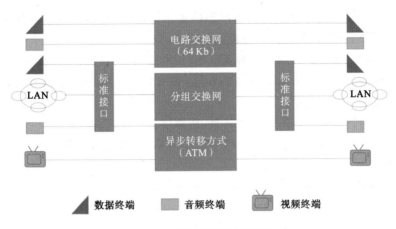

图 10.7　B-ISDN 的基本原理

另外，20 世纪 90 年代，国际上还曾提出制定 IMT-2000 全球统一移动通信标准的目标，也未能成功。这种与国际政治现实不相容的设想，很难有成功的希望。

10.3.3　异构网络融合

在 20 世纪末，伴随着 Internet 的迅猛发展，业界提出了下一代网络（NGN）的概念，研究思路由网络综合转向网络融合（network convergence），在统一的 IP 技术基础上，首次展现了信息通信网融合的前景，异构网络融合成为主要发展方向。

不同类型的网络一般都是面向不同的目标用户、不同的应用场景和不同的通信需求设计的，组网方式、服务性能、覆盖范围和技术特点各异，从底层的数据获取方式到顶层的资源应用都不尽相同。因此，对种类各异的网络进行异构网络融合，必定面临着各种问题和挑战。

虽然存在诸多困难，但是通过接入网融合、核心网融合、终端融合、业务融合和运营管理融合，采用通用的、开放的技术实现不同网络或网元的互联、互通和集成，可以分步骤地实现异构网络融合。这既是构建无所不在网络的切实需求，也是信息网络发展的必然趋势。

10.4　网络融合是万网互通的正途

网络之间实现协作与融合是实现万网互通的必经之路。异构网络融合，可以使不同类型网络的不同技术优势相互作用和相互借力，产生多重效用：

（1）通过融合向更多不同用户提供更多不同的个性服务，更好地满足用户的多样性需求，提升用户满意度；

（2）通过融合扩大网络的覆盖范围，使网络具有更好的可扩展性；

（3）通过融合提升单个网络的性能，在支持单个网络既有业务的同时也为引入新服务创造条件；

（4）通过融合平衡网络业务负载，能够增加系统容纳能力；

（5）通过融合挖掘现有各网络资源利用率，降低运营服务成本，增强市场竞争力。

网络融合是对既有网络的融会贯通，基于既有网络技术的复杂性、既有网络管理的多样性和既有网络市场运行的不确定性，实现网络融合必须具有充分的技术支撑、坚定的政策支持和有利的商业模式的推动。

10.4.1 网络融合的技术研究

网络融合的技术研究主要在两个方向具有明显成果：一个是以 IP 骨干网为基础的网络融合；另一个是基于 Ad hoc 的网络融合。

1. 以 IP 骨干网为基础的网络融合

NGN（下一代网络）概念的出现，使得在统一的 IP 技术基础上实现网络融合具有了可行性。NGN 关于网络融合的研究成果，集中体现在由 3GPP（3rd Generation Partnership Project，第三代合作伙伴计划）提出的 IP 多媒体子系统（IMS）技术，它集成了电信网和互联网技术以及固定网和移动网技术，综合了互联网 IP 技术、软交换技术和蜂窝核心网技术。尽管 IMS 技术本身有一定局限性，但是作为核心网融合技术来说，它还是得到业界的广泛认同，异构网络融合示例如图 10.8 所示。

2. 基于 Ad hoc 的多网融合

除核心网融合技术之外，网络融合的技术研究主要涵盖无线网络与互联网的融合、无线广域网与无线局域网的融合以及无线局域网和蜂窝网络的融合。学术界及产业界就网络融合问题不断地提出解决方案，欧洲电信标准化组织（ETSI）等对以上领域有充分的研究。其中基于 Ad hoc 的多网融合是主要方向。

Ad hoc 是一种多跳的、无中心的、自组织无线网络，又称为多跳网（multi-hop network）、无基础设施网（infrastructureless network）或自组织网（self-organizing network）。整个网络没有固定的基础设施，每个节点都是移动的，并且都能以任意方式动态地保持与其他节点的联系。在这种网络中，由于终端无线覆盖范围的有限性，两个无法直接进行通信的用户终端可以借助其他

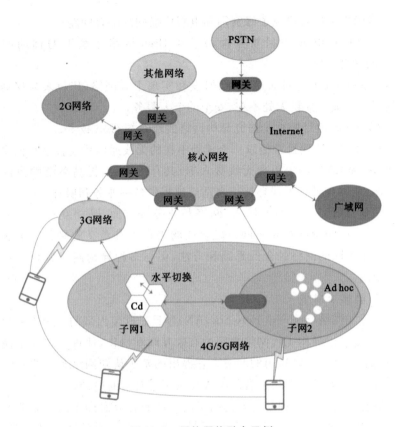

图 10.8 异构网络融合示例

节点进行分组转发。每一个节点同时是一个路由器,它们能完成发现以及维持其他节点路由的功能。这种网络既可以单独运行,又可以通过网关接入有线骨干网络(如互联网)。

基于 Ad hoc 的多网融合系统可以扩展无线通信的覆盖范围,提高资源利用率,改善系统吞吐量,平衡业务流量,降低移动终端的功耗。在无线自组网与蜂窝移动通信系统的结合方面,相关研究取得了一系列研究成果,提出了许多实用的网络模型。这些模型在解决增加系统容量问题、解决增强网络覆盖时始终存在的蜂窝覆盖盲区问题、提供无线互联网和多媒体服务、实现业务流量的负载均衡以控制网络拥塞及疏导热点区域等方面取得功效。

3. 欧盟的系列研究项目

欧盟对于网络融合的研究居于全球领先地位,开展的一系列研究项目包括:

(1) BRAIN 项目提出了无线局域网与通用移动通信系统(UMTS)融合的开放体系结构;

(2) DRIVE 项目研究了蜂窝网和电视广播网的融合问题；

(3) MOBYDICK 项目重点探讨了在 IPv6 网络体系下的移动网络和 WLAN 的融合问题；

(4) MAGNET 项目通过设计、研发和实现个人网络（PN）来为移动用户在异构网络环境中提供无处不在、安全的个人服务；

(5) EuQoS 项目侧重于研究异构网络的端到端 QoS 技术；

(6) WINNER 项目希望以一个无处不在的无线通信系统代替目前多种系统（如蜂窝、WLAN 和短距离无线接入等）共存的格局，提高系统的灵活性和可扩展性，能够在各种无线环境下自适应地提供各种业务和服务。

这些项目研究范围涵盖接入、网络和业务等方面，既相互竞争又相互合作，从多个层面和角度对异构网络融合问题进行了有意义的研究。虽然这些项目提出了不同的网络融合的思路和方法，但与多种异构网络融合的目标仍有一定距离。

4. 环境感知网络

环境感知网络（ambient network，AN）项目是欧盟内部的一个大型合作项目，其目标是促进异构无线网络之间的有效互联和协作，使得用户无论使用何种网络都能够享有丰富易用的服务。它提出的基于认知网络和无线自组网的网络融合理念，为异构网络融合的实现提供了更有效的途径。

环境感知网络是一种基于异构网络间的动态合成而提出的全新的网络观念，它不是以拼凑的方式对现有的体系进行扩充，而是通过制定灵活的、即时生效的网间协议为用户提供访问任意网络的能力。它的研究工作涉及移动性管理、多种无线接入方式、无线资源管理、动态网络连接和路由、服务感知自适应传输以及异构网络的统一动态融合机制等多个方面。

环境感知网络最大的特点就是采用了多无线接入技术（multi-radio access，MRA），MRA 技术可使终端具有同时与多个接入网络保持多条独立网络连接的能力，进而实现终端在不同网络间的无缝移动和数据的多跳传输，如图 10.9 所示。而多无线协作技术（multi-radio coopration，MRC）是 MRA 技术的延伸和扩展，其主要功能是实现多无线间资源共享和不同网络间的动态协同。

为了实现环境感知网络项目的目标，支持异构网络的融合和协作，环境感知网络必须能持续感知底层网络的特性，其网络管理必须是动态的、分布式的、自管理的、自维护的和可重配置的，并能自动响应网络及周边环境的变化。

欧盟 AN 项目具有很重要的借鉴意义，从中可以看出网络融合的困难是巨大的，我们必须认真对待。在借鉴国际既有研究成果的基础上，随着国内自身通信科技基础水平的提升，我们有能力也应该在网络融合技术方面取得具

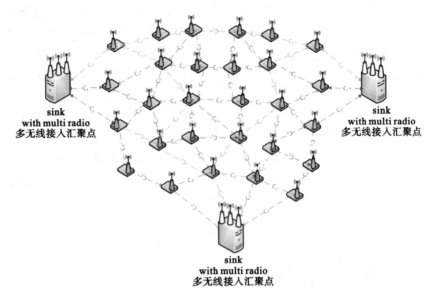

图 10.9　多无线接入技术

有自主知识产权的突破。

在 4.5.5 节介绍第五代移动通信技术时,描述过 5G 具有的超密集异构网络技术,5G 的商用将推进更多类型的智能终端快速普及,移动数据流量将继续呈现爆炸式增长。在 5G 网络中,减小通信半径,增加低功率节点数量,为不同结构的网络提供便捷接入,是保证 5G 网络支持上千倍流量增长的核心技术之一。因此,超密集异构网络技术成为 5G 网络的关键技术,这说明通信技术的发展正在使网络融合技术多元化。最近趋热的"云网融合"概念虽然重点是"云"和"网"的融合,但可以看出,云计算技术也能发挥网络融合的作用。随着各类新兴技术的共融共生,完全可以期待突破传统概念的网络融合技术不断涌现。

10.4.2　网络融合的政策支持

20 世纪 90 年代,中国就提出电信网、广电网与互联网融合发展的构想,也就是我们常说的"三网融合"。2010 年国家正式启动这一进程。三网融合的目标是实现三大网络的互联互通、资源共享和业务综合:业务层上互相渗透和交叉,实现互联互通;应用层上趋向使用统一的 IP 协议,实现无缝覆盖。

行业管理和政策上也逐渐趋向统一,为广大用户提供包括语言、数据、广播电视和多媒体业务在内的多样性及个性化服务。

三网融合是信息技术不断革新应用的产物,也是信息化不断深入发展的必然要求。实施三网融合可以破除行业垄断,实现网络资源共享,避免重复建设,从而更有效地利用资源、节约成本,促进行业内企业的良性竞争与互利合作。但是时至今日,三网融合仍在推进之中,可见其难度绝不一般。国内条块分割的行业架构对推动本领域的应用发挥了重要作用,但对于三网融合却成了主要阻碍。

在美国、英国、法国、日本等发达国家,近几年三网融合都有快速进展,无一例外都要依靠法律及政策的支持。欧美等国的实践表明,网络融合需要一个有利于融合的政策环境,而网络的功能整合要求相应的政府部门进行职能整合。在网络融合极端充分的情形下,传统的规制政策将走向消亡,取而代之的将是把规范竞争行为当作目标的反垄断政策。

骨干网之外的网络融合,相关的法律政策支持还很少,应该是下一步需要着力的地方。

10.4.3　网络融合的商业模式

从动态的角度看,网络融合过程,实质上也是一个网络商业模式的融合过程。若以用户的需求为研究起点,那么网络的用户数量和互动数量将成为衡量网络价值的重要效用参数。它要求融合中的网络以此为依据寻找合适的增值方式,通过实现商业模式的重新构建,提升网络融合后的价值,促进网络融合的发展。

网络融合过程中的商业模式可划分为三种基本形式。

(1) 单边商业模式(one-sided business model)。

单边商业模式又称"经销商模式",在这种商业模式下,网络平台只能通过产品或服务在纵向产业链上的流动来实现价值增值,而上下游企业互不影响、互不关联。对网络融合的目的来说,这种模式显然意义不大。

(2) 双边商业模式(two-sided business model)。

双边商业模式又称"平台模式"(platform model),是网络融合中最典型的商业模式。在这种商业模式下,网络平台可以通过双边市场实现增值。这种模式虽然能够实现增值,但显然增值幅度有限。

(3) 网状商业模式(network-structure business model)。

网状商业模式才是网络融合的发展方向。在这种商业模式下,网络平台可以通过多边市场实现增值,根据梅特卡夫定律(Metcalfe's law),网络价值与网络用户数目的平方成正比,因此这种增值具有重要意义。当然,上述双边商业模式也可被视为一种特殊的网状商业模式。

商业模式的重新构建,对网络融合的重要性不言而喻。一个有利的商业模式,将对网络融合的顺利进行起到强大的推动作用。政府应该主导或推动网络融合商业模式的深入研究和正确引导,这样才能充分发挥既有网络的功效,也是社会绿色发展的一个重要方面。

10.5　互联互通是通向智慧系统的金钥匙

从 IOT 到 IOE,实现万物互联;从单一网络到网络融合,实现万网互通。这两大要素正是在第 6.5 节讨论的智慧系统十大特征中最基本的两大特征,是打造智慧系统的根本基础。其他特征也与这两大基本特征密切相关,并高度依赖这两大特征。

万物互联,最终将使得人与人、人与物、人与环境、物与物、物与环境,以及事件、过程、数据等一切实现互联、互通、互动;万网互通最终将使得不同时代、不同原理、不同制式、不同通信介质、不同行业、不同区域、不同用途的通信网络联通起来,为万物互联提供更加扎实的基础,最终实现全球各类数据的大融合。借力普适计算技术、人工智能技术、大数据技术及其他智能化应用技术,将逐步形成既具有良好的系统性能,又具有自学习、自适应能力,能观察、能思考、能决策、能生长的智慧系统。

只有实现了互联互通,数据才能变成活的资源,网络才能发挥更大的作用,算力才能够在更大范围共享,算法才能得到更多的支撑,应用场景才能够真正的绚丽多彩。因此,可以说互联互通是打开智慧系统之门的金钥匙。

第 11 章　可生长的智慧系统，是必需的系统生命特征

本章导读

　　社会的进步更多地体现在城市的发展上。城市是有生命的，城市的生命特征体现在"有序"和"无序"之间的生长状态，城市生命理念促进了城市环境的自然和谐以及文明健康城市肌体的生长。技术也是有生命的，"技术是生命体的第七种存在"，技术的生命力也体现在其有序性和无序性的发展上。如何充分运用城市与技术的生命要素，如何在有序性与无序性之间取得平衡，建设出既能满足城市不断发展需要，又能灵活融入新兴技术的可生长的智慧系统，是我们应该共同努力的方向。

11.1　城市有生命，城市在生长

　　城市的形成是一个从无到有、从小到大的过程，具有地理位置、年代时间、人群种族、气候环境等特色要素。城市是人类积极进取、奋发向上的产物，是处于运动状态的生命有机体与无机体交织结合与变化的结果。城市是运动的、不断生长的，也有可能走向衰落甚至死亡。因此，城市是有生命的。从另一个角度讲，自然是有生命的，人类改造自然的过程也是有生命的。

　　关于城市发展的概念与设想层出不穷，如生态城市、田园城市、海洋城市、太阳城市、太空城市、宇宙城市、地下城市、海底城市、沙漠城市、山上城市、摩天城市、群体城市、分散城市等，所有的设想都贯穿着城市生命的理念。

　　城市生命理念是城市建设的最高纲领。城市生命充分展现了城市服务于人的核心诉求，城市建设的主要目的是提高城市居民的生活质量，不但要提供衣食住行等基础物质条件，还要满足人们对于舒适度、安全感、归属感以及健

康保障等软性追求。城市生命理念将促进自然和谐城市环境的建设以及文明
健康城市肌体的生长,如图 11.1 所示。

图 11.1　城市在生长

要培育城市生命,以城市生命为指南规范城市规划及建设行为,推进城市
自身科学发展,保障城市人文延续、环境友好,实现人城和谐共生。只有让城
市处于有机的生长建设过程中,让城市发展与城市生活保持平衡性与协调性,
城市才能发展得更好。只有关爱城市生命,城市才会拥有更加美好的未来。

城市有生命,城市在生长。

11.2　城市生长在有序与无序之间

有一种观点认为,城市是无序生成、有序生长的。很多城市的诞生都有一
定的偶然性,或因战争或因自然灾害或因突发事变等,表现出明显的无序性;
城市诞生之后,便进入一个无序性与有序性不间断博弈的过程,并呈现一定的
外在有序性。例如,贫民窟、违章建筑都是无序性使然,而"拆违"则是有序性
的体现。但城市的生长很复杂,很难进行如此简单的概括。

城市的进化历史表明,一座城市之所以能够用"生长"这么一个生物学概
念来描述,是有其道理的。城市发展正是在空间利益不断地分配和再分配之
下,不断地发展着。比如"违章"和"拆违"的交替进行,正是这种特点的表现。
对城市制度的不断修订、城市不同阶层的历史性变换、城市权力的经常性转
移,使城市成长为一个活生生的、现实的生命体。

为了能够让城市这个生命体健康生长,我们要不断地为城市制定建设法
规来抑制恶性"无序"的蔓延,同时,城市自身也会以"无序"的方式调整和完善
"有序"的目标。城市能够按照生活在不同空间中的不同利益主体的相互博弈
来塑造自身、建设自身。因此,城市在理性的外表下,总是顽强地呈现出它的
非理性来。可以说,城市正是在"有序"和"无序"的双重变奏中生长起来的,城

市发展的历史也就在"有序"和"无序"的双重交替和相互平衡中展开。

城市形成过程的矛盾性与复杂性,对我们的城市规划工作提出高要求,在强制性控制开发的同时必须容许创造的多样性,以及具备多次完善的可行性。城市是一个生命体,有着其自身的生长方式和逻辑。城市既无法完全依照管理者意愿"有序"生长,也无法完全脱离无数的"无序"因素。也许在"有序"和"无序"之间的生长状态,正是城市生命的体现。这就是我们所思考的、创造的和生活的城市。

11.3 技术生长很疯狂

技术的生长是城市生长的重要支撑。技术是有生命的,无数技术从无到有,逐步成熟,不断升级迭代,呈现着巨大的生命力。

美国作家凯文·凯利(Kevin Killey)在《技术想要什么》(《What technology wants》)一书中有这样的重要论述:"有个生物学家曾写过一本书,他通过基因视角观察生命,指出生命的不断繁衍某种程度上是基因不断繁衍的自我需要。而我从技术角度看待生命,得到结果同样如此。我认为,技术是生命体的第七种存在。人类目前已定义的生命形态包括植物、动物、原生生物、真菌、原细菌、真细菌,而技术应是之后的一种新生命形态。这是我所收集的一些图,它们展示了各生命体的演化时间和过程,对比后你会发现,其实技术的演化和它们有着惊人的相似。所以我的观点是:技术是生命的延伸,它不是独立于生命之外的东西。"凯文·凯利由此提出一个著名的观点:"技术是一种生命体"。我们暂且不对这个观点深入探讨,但可以对其观点倾向表达认同。从工业 1.0 到工业 4.0 的进化历程,一定程度上可以佐证这一观点的意义,如图 11.2 所示。

技术的生长在最近几十年进入了一个飞速发展的时代,特别是在芯片/半导体及互联网领域,呈现出指数级的增长。被称为计算机第一定律的摩尔(Moore)定律是指 IC 上单位面积可容纳的晶体管数目,约每隔 18 个月便会增加一倍,相关处理器性能也将提升一倍,如图 11.3 所示。

摩尔定律是由英特尔(Intel)名誉董事长戈登·摩尔(Gordon moore)经过长期观察发现的,所阐述的趋势一直延续至今。该定律还成为许多工业行业对于性能预测的基础。近几年眼花缭乱的大数据、云计算、人工智能、5G 通信都是基于这一领域的技术发展。这种近乎疯狂的技术发展态势被称为"技术大爆炸"。

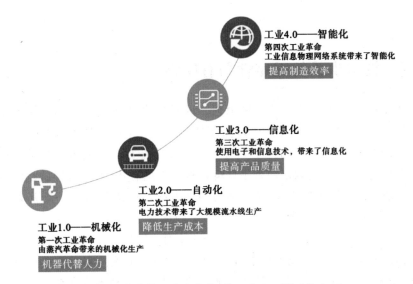

图 11.2 技术是一种生命体(从工业 1.0 到工业 4.0)

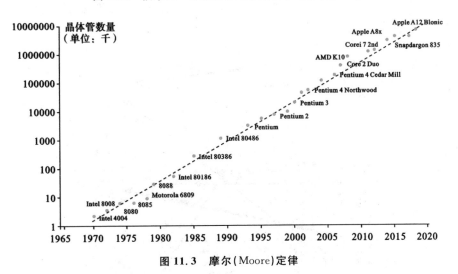

图 11.3 摩尔(Moore)定律

但是,技术爆炸缘起哪里呢?这是由于历史的偶然,还是具有内生性的必然?2018 年获得诺贝尔经济学奖的美国经济学家保罗·罗默(Paul Romer)等人提出了"内生经济增长理论",其核心思想是认为经济能够不依赖外力推动实现持续增长,内生的技术进步是保证经济持续增长的决定因素。与传统的经济学理论认为技术是"外生"的不同,他认为技术是内生的,在完全竞争环境中,人均产出可以在速率递增的状态下无限增长,投资率和资本收益率亦可以在资本存量增加时不断增长。不过,生命是有周期的,有生有灭,这种无限增长的理论该如何去理解呢?这将是一个有趣的思考。

11.4 技术生长的无序性与有序性

新技术不断出现,老技术不断消亡。世界上的问题千差万别,新技术基本上都是为了解决某一类存在的问题而产生的,有一定的偶然性,因此,像城市生长的特点一样,新技术的产生具有明显的无序性。而人们为了技术发展的方向和目的,就会不断制定规则去规范技术的发展态势,这些规则就是所谓的技术标准。但多数情况下,这些标准的约束力都是极其有限的。所以,新技术产生之后就进入一个无序性与有序性不间断博弈的过程,也呈现一定的外在有序性,如图11.4所示。技术也是一个生命体,有着其自身的生长方式和逻辑。它既无法完全依照技术标准要求"有序"生长,也无法完全脱离这种抑制自身"无序"的外在意志,大量的非标准相关技术、孪生技术的存在和应用就是典型的例证。多数技术也处于"有序"和"无序"之间的生长状态,同时这也是技术生命力的体现。

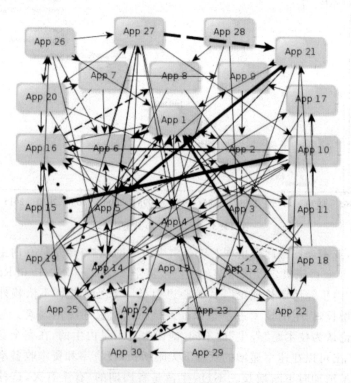

图 11.4 技术生长的无序性与有序性

11.5 可生长的智慧系统

如同前面关于物联网的讨论,我们应该把连接城市部分或整体基础设施的智慧系统,作为城市的新型基础设施来看待。

城市的生长不会停顿。城市的生长意味着会有新的工厂、新的园区、新的住宅、新的学校、新的医院、新的道路、新的管廊等不断出现,或者意味着既有建筑的改造、更新或者功能提升,或者意味着成片城区的拆迁与重建。作为城市新型基础设施的智慧系统,就必须具有随着城市生长而同步生长的特性,才能确保对城市生长的支撑。这种特性主要体现在系统的可扩展性和系统兼容性。而"万物互联,万网互通"则是实现这些特性的根本保证。

技术的生长也不会停滞。技术的生长意味着会有新的材料、新的器件、新的设备、新的理论、新的算法等,作为城市新型基础设施的智慧系统,就必须具有另外一个重要特性,即随着技术生长同步生长的特性,这就要求系统的规划建设具有足够的前瞻性,能够容纳新技术,实现与原有技术的无缝衔接,可以使系统整体性能随着新技术的到来实现同步提升。

由于与智慧系统相关的领域技术发展过快,标准制定与修改缓慢,无序性特征非常突出。加上有限的既有技术标准效力低下,导致已建成智能化项目存在大量信息孤岛,多数处于不良运行状态。因此,如何在有序性与无序性之间取得平衡,是智慧系统建设并具有可生长特性的关键环节,如图 11.5 所示。

图 11.5　如何打造可生长的智慧系统

第 12 章 智慧系统顶层设计，是必要的一把手工程

· 本章导读 ·

曾有专家反对搞智慧城市顶层设计，理由是没有真正能够做好顶层设计的专家，要么只懂技术，要么只懂行业，做出的顶层设计基本上都是"夹生饭"，还不如边建设边设计。虽然这是令人尴尬的现实，但是顶层设计作为一种现代工程方法，有着非常强的科学性以及可遵循的有效的基本原则。我们要站在技术维度、系统维度、价值维度全方位进行顶层设计。我们应该坚持开展智慧系统的顶层设计工作，并且要求一把手亲自抓。顶层设计是一把手工程，这是顶层设计目标到位和不偏向的基本条件。

12.1 顶层设计是最重要的环节

智慧系统是各类智能化系统、自动化系统、信息化系统发展的终极目标，当然智慧系统自身必定也是一个不断完善、不断进步的过程。智慧社区、智慧校园、智慧医院、智慧工业、智慧城市、智慧农业等，所有这些业态虽然暂时还没有达到"智慧"的程度，但是这些名词反映了我们许多从业者、决策者的愿望和工作目标。

建设一项智慧系统工程，小到一个智慧家庭，大到一个智慧城市，有三项原则一定要把握：

原则一，建设目标清晰。

建设这样一项智慧系统工程，目的是什么？不做无用之事是第一原则。许多智能化工程虎头蛇尾、无疾而终，一个主要原因是建设目标不清晰，或为装点门面、或为应付领导、或因好大喜功、或因逐流跟风，总之与实际需要相距甚远，多是中看不中用的花拳绣腿。这样的智慧系统，即便达到了智慧高度，

也是无用的智慧,绝不会有真正的生命力。

原则二,建设路线正确。

有了清晰的建设目标,还需要有正确的建设路线。任何一项系统工程,其复杂性都不能低估。智慧系统的建设涉及管理决策、策划组织、资金保障、技术路线、落地实施等多种因素,虽然说条条大路通罗马,但如何到罗马绝对不能是率性而为之举。在保证对建设目标具有深刻认知的前提下,规划选择正确的建设路线是保证顺利达到目标、早日达到目标的重要原则。

原则三,保证智慧系统的可生长性。

在建设智慧系统的规划中,仅仅解决"信息孤岛"问题还不够,建设的系统还必须具有可生长性,不能成为僵化系统。面对日新月异的城市和乡村,飞速发展的科学技术,一个不能随之变化生长的智慧系统将注定很快被淘汰。即便是小到一个家庭,没有物理空间的拓展,也会有生活需求的不断提升,对智慧系统可生长性的需求同样是刚性的。

如何保证以上三项原则得到遵循,一个最重要的工作环节,就是智慧系统的顶层设计。本章主要以智慧城市顶层设计为例阐述有关观点。

12.2　顶层设计做什么事情

12.2.1　顶层设计是什么

顶层设计(top-level design)最初是一种大型程序的软件工程设计方法,来源于瑞士计算机科学家尼克劳斯·沃斯(Niklaus Wirth)于 1969 年提出的"自顶向下逐步求精、分而治之"进行大型程序设计的原则。后来,顶层设计概念逐步拓展,成为系统工程学领域复杂应用系统的一种有效的综合设计方法。目前,这一概念应用已经超出了工程设计领域,逐步演变成为一种解决通用复杂问题的方法和思路、一种制定发展战略的重要思维方式,在信息化、社会学、教育学、军事学等多个领域得到广泛应用。

2010 年,中共中央关于"十二五"规划的建议中首次使用"顶层设计"的表述,之后这一理念也逐步出现在其他国家政策文件中。就其本质来说,顶层设计是运用系统论的方法,从全局的角度,对大型复杂系统建设的各方面、各层次、各要素统筹规划。它强调设计对象定位上的准确、结构上的优化、功能上的协调、资源上的整合,是一种将复杂对象简单化、具体化、程式化的设计方法。它能够集中有效资源,来保证系统目标的实现。例如,在针对如何科学、有序的规划，实施智慧城市相关工程项目方面，顶层设计工作已成为一种最基本、最通用的解决方法。

12.2.2 顶层设计和战略规划不同

许多人把顶层设计和战略规划混为一谈。一个企业、一个片区或一个城市，其发展战略规划是一个设想，更强调宏观性、原则性和前瞻性。而顶层设计是一个工作方法，是把战略规划落地过程的一个步骤，当然也强调原则性和前瞻性，但更强调系统化、清晰化、可操控性。

例如，智慧城市的顶层设计是把智慧城市建设视为一项复杂的、庞大的系统性工程，在智慧城市建设开展之初，明确智慧城市建设的任务及重点内容，厘清各任务之间的相互关系，制定各阶段应遵循的规则，使各方能够独立、有序地开展智慧城市建设工作。一定意义上讲，也可以把智慧城市的顶层设计看作是一项基于城市发展战略的"控制性规划"，但与战略规划是两回事。

12.2.3 顶层设计的工作内容

一个智慧系统的顶层设计首先是从其服务对象的需求出发，进行需求分析，确立建设目标和建设内容，设计总体结构，确定实施路径。

以智慧城市顶层设计为例，首先要从城市发展需求和智慧化愿景目标定位出发，运用系统工程方法统筹协调城市各要素，开展智慧城市需求分析、总体设计、架构设计、实施路径设计四项活动内容，如图12.1所示。

智慧城市需求分析需要依据城市发展的战略目标与规划、城市发展现状的调研与分析、智慧城市既有建设状况分析来进行。需求分析的目的是梳理出城市居民、企业、政府等主体对智慧城市的建设需求，一般包括用户类型、目标、业务、业务协同、基础设施、信息资源、信息共享、系统功能、性能、安全、接口等方面的需求。

智慧城市总体设计内容包括确立建设智慧城市的指导思想及基本原则，确立建设目标及总体架构。建设目标包括总体目标、细分目标、阶段目标，且目标是明确的、可衡量的、可达成的。总体架构是指从技术实现的角度，以结构化的形式展现智慧城市发展思路。

智慧城市架构设计内容包括业务架构设计、应用架构设计、数据架构设计、基础设施架构设计，以及标准体系设计、安全体系设计、服务体系设计。具体架构的设计，要充分借鉴国际、国内相关现行标准，确保科学性、协调性、一致性。

智慧城市实施路径设计内容包括拆分任务并确定任务的重要程度、确定

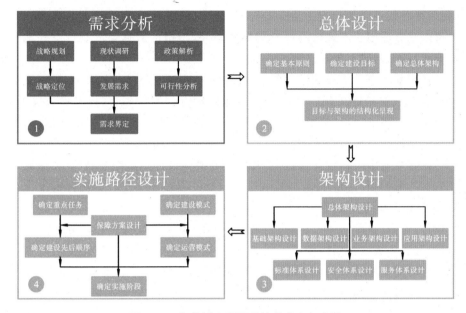

图 12.1 智慧城市顶层设计的内容与步骤

建设任务的先后顺序、确定建设模式及运营模式、划分实施阶段、设计保障方案。智慧城市顶层设计过程中，要提出具体的实施路径，确保智慧城市建设工作得以顺利推进。针对重点工程，要进一步明确建设目标、建设内容等。针对实施阶段划分，要明确各阶段实施计划、目标、任务等。

总体来说，各类智慧系统的顶层设计工作内容并无本质上的差异，如何紧密结合其建设目标和规模，把需求转化为有用的设计内容才是根本。

12.3 顶层设计与标准化

长期以来，各类智慧系统的顶层设计基本处于自我生长状态，缺少统一的指导和规范，一定程度上影响了顶层设计的质量和效能。随着各行各业智慧系统实践的不断增多和经验积累，都在相继出台与顶层设计有关的标准。

以智慧城市为例，国家标准《智慧城市 顶层设计指南》(GB/T 36333—2018)明确了智慧城市顶层设计概念和总体原则，阐述了项目技术实施过程需要统筹考虑的相关要素及要素关系，给出项目的支撑技术手段、输入和输出等指导原则。

在智慧城市需求分析过程中，针对智慧城市建设现状评估工作，推出了

《新型智慧城市评价指标》(GB/T 33356—2016)等评价相关标准。当然当地也可以建立适用于本地区的评价指标体系,基于指标数据要求有针对性地确定调研目标、调研对象和计划。

在智慧城市总体设计过程中,针对总体架构设计,有《信息技术 智慧城市 ICT 参考框架》(ISO/IEC 30145)系列国际标准、《智慧城市 技术参考模型》(GB/T 34678—2017)等国内标准,有利于从不同维度完成整体设计搭建,形成系统化的智慧城市全景图。

在智慧城市架构设计过程中,针对业务架构设计,有《信息技术 智慧城市 ICT 参考框架 第 1 部分:业务流程框架》(ISO/IEC 30145-1)等国际标准、《智慧城市 技术参考模型》(GB/T 34678—2017)(第 5 章规定的 ICT 业务框架进行设计)等国内标准。可以通过对政府、企业、市民等业务提供方和服务对象分析,开展多级业务架构设计。

针对安全架构设计,有《信息安全技术 智慧城市安全体系架构》(GB/T 37971—2019)、《信息安全技术 智慧城市建设信息安全保障指南》(GB/Z 38649—2020)及其他信息安全相关规章制度等。

针对标准体系设计,国家智慧城市标准化总体组曾经提出了一个国家智慧城市标准体系总体框架。各地可结合当地实际需求,开展当地智慧城市标准体系的规划与设计工作,更重要的是,需要针对项目建设进行有针对性的标准体系设计。

在智慧城市实施路径设计过程中,针对智慧城市运营模式,有《智慧城市信息技术运营指南》(GB/T 36621—2018),该标准给信息系统运营、数据运营、ICT 基础设施运营、安全运营四方面提出了指导建议,当地可以基于本地需求完成设计。

虽然由于行业发展快,使得相关标准的局限性是与生俱来的,但上述系列标准的推出,仍然能够为顶层设计提供商、建设运营商、各地政府提供重要的技术指导,有利于提升智慧城市顶层设计的质量和水平,有利于引导我国智慧城市的建设健康有序发展。具体到一个城市来说,虽然有足够的自主权和能动性,智慧城市的顶层设计还是应该以上述标准为基本指导原则,因地制宜做好规划衔接,确定符合本地需求的行为规范。

关于新型智慧城市建设,国家应尽早进行总体规划,拿出建设指导意见,让省市县各级尽快了解我国新型智慧城市的推进思路和发展目标。国家和各级政府应该尽快进行上下联动、横向畅通的智慧城市推进体制机制建设。在法律法规上,尽快明确数据资源的所有权、管理权、使用权和定价机制,明确部门政务数据的权责利益边界,更好地推动数据资源的融合和开放,以适应与日俱增的跨层级、跨地域、跨行业、跨业务的数据共享需求。技术、管理、监督、安全等方面的标准体系与规则框架，应尽快改进完善。建立适应我国新型智慧城市发展目标的智慧城市顶层设计方法论，以提升权威性，加强对全国各地新型智慧城市顶层设计与建设的统一指导作用。

12.4　顶层设计问题面面观

以智慧城市为例，标准化问题曾经是困扰其顶层设计的大问题，但有了标准，也不意味着就万事大吉了。一方面，标准的实用性永远跟不上实际需求，总是存在着一段距离；另一方面，推荐性标准效力有限，大大削弱了应有的效能。除此之外还存在着许多其他问题。

中国智慧城市已经走过了一个快速发展的阶段，大大小小数百个城市和小城镇进行了智慧城市建设。省级和副省级城市都已实施，地级城市完全没有实施者所剩无几，县级城市实施者超过三分之一，许多经济发达的小城镇也已经开始进行尝试。应该说，这一阶段的发展，留给我们的是教训多于经验，真正达到建设目的的城市并不多。其中一个主要原因是顶层设计存在着诸多问题。

(1) 顶层设计负责人层级不够。

由于对智慧城市顶层设计工作本质的认识错误，许多城市决策者把这项工作看作是技术工作，委派技术专家或有技术背景的官员负责，也有一把手挂名负责人而不过问的情况。根据我国城市条块分割管理体制的现实，这样的实际负责人站位高度必然不够，资源调动能力有限，责任担当缺乏支撑，使顶层设计的质量和水平大打折扣。

(2) 仅有"顶层"参与，市民成了局外人。

顶层设计成为只有"顶层"参与的设计，充分体现了领导意志或专家意志，但作为城市的主体——城市居民甚至大多数城市运行与管理的从业人员，都变成局外人。城市"智慧"与民众"智慧"绝缘，智慧城市变得让普通民众无感。缺乏民众"智慧"参与的智慧城市项目往往是政绩工程、面子工程，甚至是一无是处的工程，注定没有前景。

(3) 盲目跟从，千城一面，特色尽失。

每个城市都有自己的基因传承，都有自己的城市特色。智慧城市的顶层设计和建设，应该使自己的城市特色更突出、更鲜明，要以特立独行来提升城市的生命力和竞争力。可现实状况却是后发的大量城市盲目跟从，造成千城一面、特色尽失的结果。这里面虽然有城市规划自身的因素，但智慧城市顶层设计缺乏信心、缺乏创意、盲从抄袭是主要原因。

（4）概念跟风，短视行为，重复建设。

这些年来，城市建设的概念层出不穷，绿色城市、低碳城市、生态城市、海绵城市、文明城市、健康城市、智能城市、数字城市等，这些概念有的与智慧城市一脉相承，其他也都与智慧城市建设方向有一定的重合或交叉。由于体制与机制等原因，再加上有些城市顶层设计不到位，本应该借力智慧城市建设的其他城市建设目标，变成相互争资金、抢资源的竞争对手，出现许多短视行为的重复建设，给智慧城市的长期发展造成极大干扰。

（5）"信息孤岛"依然遍布各处。

"信息孤岛"是各类智慧系统建设的顽症，也是智慧城市建设的痼疾。这其中既有技术因素，也有标准问题，更主要的是管理体制与机制问题。智慧城市顶层设计的基本任务之一就是要实现这些"信息孤岛"的互联互通。

（6）安全问题重视不够。

在智慧城市顶层设计中，安全体系设计的重视程度严重欠缺。信息安全与网络安全事故多发。除了法律法规及管理等人为因素外，技术与设施方面都存在着极大的安全隐患。因为大部分的软件与硬件的核心技术都来自国外，特别是来自美国，网络及地址规则也由美国制定，受国际政治不确定性的影响，安全风险是显而易见的。这些因素，在顶层设计中必须予以重视。

（7）缺乏顶层设计专家团队建设。

智慧城市目前在世界各国仍然属于新兴研究领域，作为其顶层设计的团队成员需要高水平的综合能力，既需要对城市的发展战略、发展规律有深刻认识，又需要对技术在城市运行过程中发挥的作用了然于心。除技术专业知识外，更需要大量社会专业知识。从我国当前参与顶层设计的专家知识领域来看，主要是IT技术、通信技术、战略规划、电子政务、城市管理、建筑学、人工智能等学科或者研究领域。这就使得专家们在进行智慧城市顶层设计方面，会出现"专业有余、综合不足"的情形，由于专业和认知的不统一，导致专家意见分散，从而造成顶层设计方案难以满足智慧城市建设复杂性、系统性和全面性的需要。另外体制性问题以及伴生的功利性问题也影响到一些专家，使其在工作过程中难以保持客观公正的态度。

因此，我国在智慧城市顶层设计理论研究深度和实践专业指导水平方面，严重缺少合格的专家及团队，无法真正满足各地智慧城市顶层设计的现实需求。顶层设计专家团队建设工作是当务之急。

12.5　顶层设计是一把手工程

12.5.1　一把手负责顶层设计的必要性

　　前面已经提到,顶层设计负责人层级不够是一个大问题。智慧系统的顶层设计是一把手工程。智慧系统所服务的对象可能有大有小,层级高低不同,但必须是一把手担任第一负责人。就智慧城市而言,顶层设计就是要确保各个相关主体、职能部门、社会组织和核心要素不断进行优化组合,进行协同工作,使智慧城市能够真正为城市的高效运行及实现战略发展目标服务。如果不是一把手领衔,这样的目标是不可能达到的。

　　智慧城市相关领域虽然投资巨大,但鲜见真正实现互联互通的一体化智慧平台,究其原因,主要是缺少顶层设计或顶层设计不到位。而其直接原因就是决策者重视程度不够,一把手没有亲自主持这项工作。条块分割的管理体制必然导致一个个单独的功能体系自行设计和建设,加上这个行业标准的可用性低,最后由于机制、技术、资金、责任等种种原因,大量的投资变成一个个互不相联的信息孤岛,也许实现了不少智能化功能,但却无法达到建设"智慧系统"的初衷。领导们也是在建设过程中逐步认知"智慧城市"这一概念的,恍然大悟之时,已经悔之晚矣,许多投资就这样变成了"学费"。

12.5.2　智慧城市的"八大目标"和"八一原则"

　　多年的工作实践,作者充分了解到智慧城市顶层设计中存在的各种问题,也了解到许多领导对智慧城市建设的目标存在模糊认识,因此总结出建设智慧城市的"八大目标"和"八一原则"。

　　八大目标是:

万物互联万网互通	数据开放共享共融
绿色环保发展经济	安全健康服务民生
网络空间可靠洁净	软硬一体智慧运行
城乡治理高效有序	全面服务全时全程

　　其中,"绿色环保发展经济、安全健康服务民生"是建设智慧城市必须达到的目的,"万物互联万网互通、数据开放共享共融"是建设智慧城市必须依赖的基础,"网络空间可靠洁净、软硬一体智慧运行"是智慧城市运行必须具有的状态,"城乡治理高效有序、全面服务全时全程"是智慧城市运行必须保证的质量

要求。应该说,这八大目标充分体现了智慧城市从业人员的理想和愿景,同时也符合国家对新型智慧城市的目标要求。

八一原则是:

一个顶层城市规划	一个城市运行中心
一个城市管理网格	一个通用功能平台
一个系统体系架构	一个数据集成规则
一个系统设计思想	一个系统建设标准

这个"八一原则"针对智慧城市顶层设计和建设现有状况中的负面因素,进行了全面的整理和规范,是保证万物互联万网互通的原则,是避免重复建设的原则,是保证智慧系统可生长性的原则,对于实现智慧城市建设八大目标具有保驾护航的重要作用。当然,以上目标和原则对一个城市、一个片区、一个企业、一个项目都同样适用。

12.5.3　多级顶层设计,多级一把手负责

对于设区的市来说,一般是市、区、街镇三级建制。这样的城市可以一体化建设,做一个顶层设计;也可以分级建设,这就需要进行分级顶层设计。分级建设需要在进行智慧城市总体规划时,就要把市、区、街镇各级政府的分工与职责定位清晰确定,依据分工分别进行顶层设计。总体顶层设计的规则应该由市级制定,下级顶层设计应在上级规则框架内进行,但功能应用可以自由发挥。分级建设的方法值得提倡,通过规则约束和充分授权,在不破坏原则的基础上,尽可能发挥基层政府和基础干部的主观能动性,设计出符合基层需求的场景应用、能够解决实际问题的有用方案,建设成有用的智慧城市。

多级顶层设计仍然需要由各级的一把手亲自统帅顶层设计团队,并需要市级一把手统筹。这样才能让城市和区域发展的战略构想完整地融入设计,让城市治理的逻辑思维准确地融入设计,才能全方位地调配资源,确保顶层设计的原则要求得到各方遵循、顶层设计得到高质量完成,最终能够实现建设目标。同时,也可以让一把手及早完善对智慧城市系统的认知,防止出现方向性偏差,甚至可以及早发现城市战略规划中的缺陷而予以及时弥补。

因此,顶层设计必须是一把手工程,需要多级一把手亲自掌舵。

12.6　顶层设计的有序与无序

应该说,智慧系统的顶层设计也是处于从无序生成、刚刚开始走向有序的

过程之中,当然这是一个长期的过程,是无序与有序不断博弈的过程。第 11 章讨论智慧系统的可生长性时,充分阐述了城市与技术的有序性和无序性,对于顶层设计工作来说,我们同样需要给予关注。城市与技术、顶层设计工作之间有序性和无序性的交互作用,会直接影响我们顶层设计输出结果的可用性,或者说,顶层设计自身有序性与无序性之间的平衡是决定工作质量高低的重要因素。

现阶段,无序性是制约各种智慧系统发展的首要因素。因此,我们需要加强智慧系统特别是智慧城市、智慧工业等领域顶层设计有序性的建设。具体有以下几个方面。

(1)完善相关标准,加强其可用性与实用性。

可用性与实用性是制定标准的基本目的,也是相关标准能够得到推行的基本条件。为什么大量的标准得不到实际应用? 有标准宣传力度不够的原因,有技术发展太快、标准滞后的原因,有标准等级不够的原因,有主管部门重视程度低的原因,等等。但有一个非常根本的原因,是可用性与实用性差,不能适应实际工作的需要。建议相关标准研发机构开展专项工作,来不断完善、快速提升标准的可用性与实用性。

(2)立项研发制定强制性标准。

在与智慧系统有关的领域,绝大部分是指导性标准、推荐性标准或试行标准,几乎没有强制性标准。而强制性标准是推进顶层设计有序性建设的第一动力。技术的发展都有其阶段性,可将通用性、通识性及原则性比较强的技术规范和技术要求提升为强制性标准。未来不能满足发展要求时,也可以进行标准更新。国家层级智慧城市顶层设计研究达到一定深度时,应该进行立项研发制定强制性标准的工作。城市也可以根据自身特点制定适合本地实际需求的强制性地方标准,可行性更高一些。

(3)标准规则应符合国家管理体制与运行机制的要求。

国内多数标准都是由国际标准直接采用或等效采用而来,国际标准又大都是西方发达国家的企业或组织牵头制定的,虽然西方国家的技术先进性无可置疑,但将这些标准生搬硬套,与中国国家管理体制与运行机制的要求不相适应的情况也很常见。即便以中国专家组为主起草的国际标准,为了保证其国际通用性,是否真正适合国内现实状况的需要,也有待验证。毕竟中西方社会环境差异巨大,制定标准及相关规范都要充分考虑我们的国情和发展目标。如果与条块分割的管理现状相抵触,就不可能有真正的适应性。

(4)加强智慧城市顶层设计相关立法工作。

我国政府考核官员绩效评价制度,目前尚不够科学完备,地方政府和官员片面追求政绩和形象工程风气依然存在。在智慧城市顶层设计工作中,不尊重客观规律和实际情况,缺乏决策机制和法治规约的情况层出不穷。这种情况下产生的智慧城市顶层设计方案,必然存在很多缺陷,甚至存在重大原则性隐患,将会给城市发展造成不可估量的损失。因此,加强智慧城市顶层设计相关立法工作,对于顶层设计的必要性、规范性以及必需的工作程序提供法律约束势在必行。

(5) 制定智慧城市顶层设计专家工作规范。

前面提到,缺少合格的智慧城市顶层设计专家团队,是制约我国智慧城市发展的一个主要因素。顶层设计专家团队建设是当务之急的工作之一。因此,探讨研究制定什么样的智慧城市顶层设计专家工作规范,是一项重要工作。

(6) 推行可参考的智慧城市顶层设计工作模式。

不说国外,仅国内就有几百个城市进行过智慧城市建设的尝试,积累了许多经验和教训。目前,其中的大部分城市又都处在智慧城市的更新过程或二次建设过程,为了不让每个城市都去摸着石头过河或者二次摸着石头过河,少走弯路,政府主管部门应该发挥我们的制度优势,全方位总结各城市的经验教训,提炼出行之有效的、可参考的智慧城市顶层设计工作模式并在国内推行,让过去的"学费"产生价值。

(7) 实施智慧城市顶层设计专项工作官员问责机制。

将智慧城市顶层设计工作纳入地方政府考核体系之中,督促决策者依法决策、科学决策,提升决策水平。建立智慧城市顶层设计专项工作官员问责机制与奖惩机制,鞭策政府部门及其人员贯彻落实顶层设计的实施原则,确保顶层设计这一重要环节的工作质量,为智慧城市建设打好基础。

加强智慧系统顶层设计有序性的建设,显然有利于智慧城市、智慧工业等智慧系统的良性发展。但是,我们必须客观地看到,无序性因素在现阶段仍占主导地位并将长期维持这种态势。我们必须认真对待这样的局面。

在智慧系统顶层设计工作中,我们将面临两类无序性因素,即内部无序性因素和外部无序性因素。内部无序性包括决策者的能力、专家团队的水平、工作机制的合理性、工作人员的责任心等因素,外部无序性则包括战略规划的缺陷及不确定性、服务对象发展状况的不确定性、技术的发展变化、相关政策的随机性等。我们的工作原则必须是大力加强顶层设计自身有序性建设,努力克服内部无序性,能够适应外部无序性的挑战。只有这样,智慧系统顶层设计才能达到它应有的质量和水平。

12.7　顶层设计的多维度思维

　　无论是智慧城市建设，还是其他类型智慧系统的建设，我们很容易把它看成是一个以技术思维主导的单维的系统。事实上，任何一个智慧系统都是非常复杂的，并非只有技术一个维度，客观上存在着多个维度，是多维共生并进的有机系统，如图 12.2 所示。其中，除了技术维度外，比较重要的还有系统维度和价值维度，这是我们在进行顶层设计时必须深入考虑的问题。我们仍以智慧城市为例，来探讨一下顶层设计的技术维度、系统维度、价值维度等多维度的同步思维。

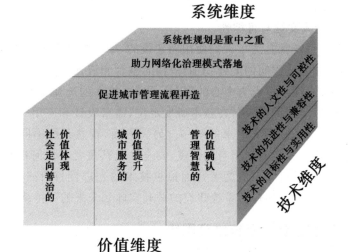

图 12.2　智慧城市顶层设计的多维度思维

12.7.1　顶层设计的技术维度思维

　　在本书中，我们大部分探讨的都是对智慧系统的技术认知和技术实现。智慧城市本身就是技术创新应用与城市转型发展深度融合的产物，是科技支撑能力提升、核心技术发挥关键作用的综合体现。因此，关于智慧城市顶层设计的技术维度思维是显性思维，在顶层设计的过程中，会是我们比较重视并且不间断付诸实践开展的思维活动。

　　1. 技术的目标性与实用性

　　从技术维度思考，在顶层设计中，技术方向的选择首先是目标性，要保证智慧城市建设的目标实现。智慧城市的主要目标有管理功能完善、状态实时跟踪、数据互通共享、信息全面覆盖等,这就要求技术的选择有利于能够消除"信息孤岛"现象、有利于进行可扩展的平台建设、有利于城市各条块实现联动。在确保技术目标性的同时,要兼顾实用性,不搞花架子,为解决问题而选择技术,不选择与实现目标无关及不符合实用性原则的技术。

2. 技术的先进性与兼容性

智慧系统的建设是一个动态过程,其相关技术都在不断地快速发展,我们在兼顾技术实用性的同时,不能忽视它的发展方向,需要保证技术有适度的先进性,不能让系统刚刚建成就已经落后于技术发展现实。与此同时,更加需要关注的是技术的兼容性,不但能兼容既有技术,更能兼容即将到来的新技术,这样,即便所选择的技术只有有限的先进性,也能保证在较长的一个时期内新建系统的可用性。

3. 技术的人文性与可控性

任何智慧系统都是为了人们使用而建设的,如智慧城市系统中,程序设施的重新组合、业务流程间的配合、不同平台的整合和嵌入、行政职能间的统合,都非常强调公共性及以人为中心的理念。因此,技术的选择要重视人文关怀,比如"适老性",要好用、易用,在技术研发定位、需求设计和应用实践的各个环节,实现理念、技术和人文追求的统一。另一方面,智慧系统不同于普通的自动化系统,有着牵一发而动全身的特点,安全性极其重要。任何技术都不是纯技术,都有其政治属性,不能为了片面追求技术的先进性盲目照搬国外技术。保证技术的可控性才能保证系统建设的顺利实施和未来的可持续发展。

12.7.2 顶层设计的系统维度思维

任何智慧系统都是一部分现实世界的附属物,就像第 11 章分析的那样,城市自身是一个非常复杂的系统,而作为其附属物,智慧城市系统的属性是天然的。智慧城市的重要职能是社会治理和社会资源的再分配,这个过程是一个结构性的动态均衡过程,社会治理的"碎片化"现状,公众对社会资源的"无序化"需求,都需要智慧城市系统提供系统性的治理框架和解决方案。进行智慧城市顶层设计,必须深入地开展系统维度的思维。

1. 系统性规划是重中之重

目前,在全国众多城市的试点中,已形成智慧政务、智慧社保、智慧交通、智慧物流、智慧旅游等智慧系统模式,为社会的发展及服务做出了不小的贡献,也为智慧城市模式探索及整合提供了系统化基础。但是,这些仅仅停留在以职能或部门为单位的块状建设,造成了大量的资源争夺和重复建设问题。

更大的问题是,由于缺乏系统规划与有效的顶层设计,这些既有建设阻碍了智慧建设的整体布局,正在成为更高层次的新型智慧城市建设中的瓶颈。

在顶层设计之前,对涉及城市发展的政治、经济、文化与民生建设等各个领域的因素进行系统规划与定位,进而对智慧城市的战略目标进行定位是至关重要的。宏观一点讲,应该从智慧城市群甚至全国范围内,对重要城市逐一进行这样的战略定位。要通过整体规划实现各领域间融合共建、共谋发展,在细分领域形成规模效应,绝不能建成自成体系、互不相容的切割式与片段式堆砌的智慧城市或智慧城市群。

2. 助力网格化治理模式落地

正在全国许多城市进行的城市网格化管理,本质上是横向分解不同领域目标、纵向分解不同层级任务的系统化模式,能够提供跨部门协同和资源整合,推进均等化服务、精细化管理。它为城市管理的系统化、体系化及整合民众需求、提升民众福祉提供了一种新型治理方式。但是,这种模式高度依赖智慧城市的建设与运行水平,通过智慧城市技术才能够在公共安全、城市服务、民生、环保、医疗等领域作出及时反应和应对,实现个体需求与公共服务的有效对接。在智慧城市顶层设计中,探索如何助力网格化治理模式可靠落地、最终通过创新驱动带动城市治理水平升级,是重要任务。

3. 促进城市管理流程再造

目前城市管理共有的弊端很多,如行政链条冗长、纵向权利层级过多、粗放式管理、事发后应对等。智慧城市顶层设计应考虑提供有效技术手段,有力促成城市管理及职能部门系统性的流程再造,使管理及服务变得扁平化、精细化、主动化,推动治理模式向源头防范转型,实现一站式服务、集成化服务,以及实现城市发展和管理模式升级。

12.7.3 顶层设计的价值维度思维

在前面我们讨论过智慧城市建设的目标性,这是我们的出发原点。任何一项建设都拥有其自身的价值定位和实现这一定位的价值规律。我们在顶层设计中,需要遵从其价值规律,实现其价值定位,避免出现价值隔离、价值真空、价值错位,造成巨大的社会资源浪费。我们可以从以下三个方面做价值维度的思维。

1. 管理智慧的价值确认

城市管理智慧有着很强的地域属性、时代属性、文化属性和民族属性。这样的管理智慧融入智慧城市管理系统,才能够在特定的城市真正发挥作用,并且与传统城市管理方式相比,能够发挥更大的作用。不能照搬其他城市的管理方式,特别是不能照搬所谓国外发达国家的城市管理方式。智慧城市顶层设计应该着力研究本地城市管理智慧特色,本地智慧城市建设过程应该是本地城市管理团队集体管理智慧再确认的一个过程。

2. 城市服务的价值提升

城市的诞生就是为了给人们提供高效、便捷的服务,让人们可以获得高质量的生活,这也是城市存在的根本价值。智慧城市的建设则是为了给人们提供更加高效、便捷的服务,让人们可以获得更高质量的生活。作者总结智慧城市建设的四大价值为"健康、安全、绿色、智慧",其中"健康"价值是核心,"安全、绿色、智慧"等价值是辅助价值,都是为健康价值服务的。没有健康,一切无从谈起,健康是人们高质量生活的第一要素,因此健康是智慧城市技术的第一实现目标,城市的服务价值也将因智慧城市的建设与应用得到极大提升。

3. 社会走向"善治"的价值体现

在第 6 章中,我们提到"智慧地球"所追求的主要目标,第一是提供社会高效运转的可能性,节约有限的地球资源;第二是创造高效的资源配给机制和技术手段,让资源(包括自然资源和社会资源)都能及时地到达有需求的人手中,让人们生活得安心,有幸福感。这也是智慧城市的两大基本工作目标。

社会治理是一套复杂的体系,从 2020 年新冠病毒疫情发生后各国应对情况可以看出,"治理失效"并不罕见,即便是那些发达国家也不例外。那么我们如何才能克服"治理失效"?很多理论致力于回答这一问题。政治学家俞可平认为:"善治理论是其中最有影响力的一种理论"。他指出:"善治就是使公共利益最大化的社会治理过程。善治的本质特征,就在于它是政府与公民对公共生活的合作管理,是政治国家与公民社会的一种新颖关系,是两者的最佳状态。"他把"走向善治"作为国家治理现代化的中国方案。

俞可平在多年的研究中,赋予"善治"十大基本要素,包括"合法性(对社会秩序和权威的自觉认可)、透明性(每一个公民都能获得信息)、责任性(政府或组织要对公众负责)、法治(法律面前人人平等)、回应(政府机构对公民需求及时回应)、效率(最有效地使用资源,服务于公共利益)、参与(公民全面参与社会与政治生活)、稳定(国内和平、生活有序、居民安全等)、廉洁(政府官员守法廉洁)、公正(公民在政治和经济权利上的平等)"。智慧城市建设与其中绝大部分要素都有直接关联,能够促进多数要素的实现或要素水平的提升。

社会治理模式将随着智慧城市建设由传统模式走向智慧模式,在这一进程中,应合理定位公共行政在现代社会治理中的角色,厘清与整合智慧城市建设多维的价值诉求,并依此强化治理能力、提高治理水平;应整合以人为本、公平正义、效率、发展等价值元素,为智慧城市建设赋予更宏大和更深刻的价值意蕴，确立智慧城市建设的合法性基础，特别是治理主体的全民性、治理过程的共建性、治理结果的共享性，应确立和强调公平、正义价值融入"以人民为中心"的价值承诺。智慧城市建设对社会走向"善治"将起到极大的推动作用，这一价值体现对智慧城市顶层设计提出了很高要求。

人们不再把物质需求作为自己的第一需求，是人类新文明和旧文明的分水岭，也将是实现社会"善治"的重要里程碑。让我们期待着这一天的早日到来。也让我们期待智慧系统技术为这一天的早日到来做出更多贡献。

参考文献

[1] 白建宁，胡捷. 网络安全概论[J]. 铁道通信信号，2004，40(2):1-3.

[2] 白一. 城市生命——生长的城市[J]. 雕塑，2008(6):70-71.

[3] 白以言. 有序与无序——存在于自然、社会系统的对立统一规律[J]. 科学学与科学技术管理，1987(03):14-15.

[4] 毕厚杰. 多媒体通信网[J]. 中兴通讯技术，1999(5):4-8.

[5] 毕厚杰. 视频通信技术综述[J]. 中国多媒体通信，2008(1):26-31.

[6] 毕治方，孙斌，王路路，等. 国内外智慧城市群研究与实践述评[J]. 科技和产业，2018，18(5):21-26，55.

[7] 曾珞亚，万频，许锦标. 应用于智能建筑的几种总线技术浅析[J]. 低压电器，2009(4):4-7.

[8] 曾志峰，杨义先. 网络安全的发展与研究[J]. 计算机工程与应用，2000，36(10):1.

[9] 查鹏皓，沈振华，李传东. 智慧城市的发展与风险[J]. 信息化研究，2019，45(2):8-12.

[10] 常春光，逄松岩. 智慧城市运营模式研究[J]. 辽宁经济，2019(8):24-25.

[11] 陈德权，王欢，温祖卿. 我国智慧城市建设中的顶层设计问题研究[J]. 电子政务，2017(10):70-78.

[12] 陈敦军. 大数据下的智慧城市建设策略及方案分析[J]. 智能城市，2019，5(15):199-200.

[13] 陈凤娟，李斌. 多媒体通信技术[J]. 阜阳师范学院学报(自然科学版)，1996:104-106.

[14] 陈涵生，张正新. 面向21世纪的下一代因特网技术(上)[J]. 计算机应用文摘，1999(4):100-101.

[15] 陈杰甫. 智能建筑内常用的控制总线及通信协议比较分析[J]. 电气应用, 2007, 026(F02):50-53.

[16] 陈如明. 广义智慧城市理念及其顶层设计系统方法论与务实发展实践探索(上)[J]. 数字通信世界, 2016(1):322-323, 331.

[17] 陈伟, 汪琼. 网络安全与防火墙技术[J]. 东莞理工学院学报, 2002, 9(1):19-23.

[18] 陈蔚芳, 喻李葵. 智能建筑 BAS 中的开放式通讯协议[J]. 株洲工学院学报, 2003, 17(5):125-127.

[19] 陈小俊. 智慧城市规划中的大数据应用与技术分析[J]. 智能城市, 2019, 5(5):69-70.

[20] 陈雪敏. 面向物联网的无线传感器网络综述[J]. 科学技术创新, 2019(6):90-91.

[21] 陈宇翔, 鲍鸿. 基于 BACnet 协议的智能建筑系统集成的实现[J]. 智能建筑与城市信息, 2006(2):86-87.

[22] 陈治宇. 基于 BACnet 的智能建筑系统的设计[J]. 电子制作, 2018(15):56-57, 76.

[23] 程大章. 智慧城市顶层设计的实践[C]//中国城市科学研究会. 2014(第九届)城市发展与规划大会论文集, 2014:1-4.

[24] 程曼, 王让会. 物联网技术的研究与应用[J]. 地理信息世界, 2010, 08(5):22-28.

[25] 初扬. 智能建筑中的通讯协议研究[J]. 移动信息, 2015(11):38.

[26] 戴海兵, 袁幽然. 物联网技术在智慧城市建设的应用[J]. 数字通信世界, 2019(6):179.

[27] 戴振华, 丁绪武. 上海"智慧城市"建设的成效、问题及对策建议[J]. 经济研究导刊, 2019(22):131-132, 139.

[28] 邓波. 城市及其发展观的历史演变[J]. 自然辩证法研究, 2011, 27(6):70-76.

[29] 邓永红. 网络传输介质[J]. 有线电视技术, 2004, 11(4):11-14.

[30] 丁溯泉, 杨知行, 潘长勇, 等. 扩频技术:历史、现状及发展[J]. 电讯技术, 2004, 44(6):1-6.

[31] 东辉, 唐景然, 于东兴. 物联网通信技术的发展现状及趋势综述[J]. 通信技术, 2014(11):1233-1239.

[32] 董春桥, 李哲. BACnetTM 楼宇自动化控制网络数据通信协议[J]. 工程设计 CAD 与智能建筑, 1999:16-19.

[33] 董庆玲. 智慧城市建设的三个维度[J]. 人民论坛, 2019(21):58-59.

[34] 董庆阳, 李毓麟. 移动因特网技术[J]. 移动通信, 1999, 23(5):21-23.

[35] 段颖娴. 一种智慧型网络拓扑感知方案[J]. 软件, 2014(12):45-48.

[36] 樊卓宸. 通信技术的发展历史[J]. 大学科普, 2014, 8(4):87-89.

[37] 范方群. EIB 现场总线开放性研究及通用接口设计与实现[D]. 上海:同济大学, 2006.

[38] 方晓柯. 现场总线网络技术的研究[D]. 沈阳:东北大学, 2005.

[39] 房毓菲, 单志广. 智慧城市顶层设计方法研究及启示[J]. 电子政务, 2017(2):75-85.

[40] 封宁波, 吴明光, 刘锴. 欧洲安装总线 EIB 的发展——KNX 概述[J]. 电测与仪表, 2005, 42(6):51-53.

[41] 冯军. 现场总线物理层协议概述[J]. 工业控制计算机, 1996:24-25.

[42] 高光耀. 我国智慧城市顶层设计基本思路研究[J]. 管理现代化, 2013(6):46-48.

[43] 高宇, 王建平, 张若庚. 多媒体通信技术[J]. 邮电设计技术, 2003(8):28-32.

[44] 宫小飞. 5G 技术对网络空间安全的影响——兼论中美 5G 竞争[J]. 信息安全与通信保密, 2019(9):15-17.

[45] 龚华明, 阴躲芬. 物联网三层体系架构及其关键技术浅析[J]. 科技广场, 2013(2):20-23.

[46] 辜胜阻, 杨建武, 刘江日. 当前我国智慧城市建设中的问题与对策[J]. 中国软科学, 2013(1):6-12.

[47] 顾成彦, 胡汉辉. 网络融合理论研究述评[J]. 外国经济与管理, 2008, 30(6):22-27, 50.

[48] 郭锦章. 多媒体通信[J]. 山西通信科技, 1999, 20(3):26-30.

[49] 郭锐, 张玉润, 张亮. 楼宇自动化控制网络数据通信协议 BACnet[J]. 电子技术应用, 2003, 29(12):55-57.

[50] 郭少勇, 芮兰兰, 邱雪松, 等. 面向业务的多终端动态协同构造机制[J]. 电子与信息学报, 2012, 34(7):1703-1708.

[51] 郭维钧, 俞洪. 现场总线技术及其在智能建筑中的应用现状[C]//中国建筑业协会. 中国建筑业协会 2004 工业以太网与智能建筑高峰论坛论文集, 2004:88-108.

[52] 韩俊玲. KNX 总线通信内核研究与开发[J]. 仪器仪表标准化与计量, 2012(1):34-37.

[53] 韩伟强. 城市建筑环境的改造与更新——香港与上海的城市建筑环境评析[D]. 同济大学学报(社会科学版)，1999：31-34.

[54] 何达，瞿玮，周华春. 移动互联网技术综述[J]. 电信快报，2007(11)：16-19.

[55] 何达. 移动互联网网络管理系统的研究与实现[D]. 北京：北京交通大学，2007.

[56] 何丰如. 物联网体系结构的分析与研究[J]. 广东广播电视大学学报，2010，19(4)：95-100，105.

[57] 何军. 智慧城市顶层设计与推进举措研究——以智慧南京顶层设计主要思路及发展策略为例[J]. 城市发展研究，2013，20(7)：72-76.

[58] 何克抗. 网络应用技术新发展[J]. 电化教育研究，2001(8)：65-71.

[59] 何美琼. 试论电气工程及其自动的智能化技术应用[J]. 江西建材，2015(11)：213，215.

[60] 何名轩. 概述 SCADA 系统发展史[J]. 天然气与石油，1992，10(4)：51-53.

[61] 何蒲，于戈，张岩峰，等. 区块链技术与应用前瞻综述[J]. 计算机科学，2017，44(4)：1-7，15.

[62] 贺倩. 人工智能技术的发展与应用[J]. 电力信息与通信技术，2017(9)：32-37.

[63] 贺正娟. 泛在网络研究综述[J]. 电脑知识与技术，2010，06(32)：8981-8984.

[64] 胡兵，齐斌. KNX/EIB 系统在酒店客房智能控制中的应用设计[J]. 现代建筑电气，2012(2)：40-45.

[65] 胡春林. 现代数字通信技术概述[J]. 电子世界，2017(6)：20，22.

[66] 胡捷. 互联网技术[J]. 铁道通信信号，2000，36(1)：29-31.

[67] 胡捷. 互联网技术第二讲 TCP/IP 协议[J]. 铁道通信信号，2000，36(2)：32-34.

[68] 胡希军，马永俊，左冕. 论城市增长与城市生态规划[C]//中国城市规划学会. 2004 城市规划年会论文集(下)，2004：521-524.

[69] 胡湘勇. 几类互连网络性能的组合分析[D]. 长沙：湖南师范大学，2006.

[70] 胡小明. 智慧城市顶层设计的落地问题[J]. 办公自动化，2017，22(1)：33-36.

[71] 胡小明. 做有边界的智慧城市[J]. 办公自动化，2019，24(3)：13-15.

[72] 胡新和,杨博雄. 一种开放式的泛在网络体系架构与标准化研究[J]. 信息技术与标准化,2012(8):61-64.

[73] 黄明华,李建华,孙立,等. 生态思想在城市规划理论与实践中的发展——城市生长规划方法研究(Ⅱ)[J]. 西安建筑科技大学学报(自然科学版),2001,33(3):244-249.

[74] 黄文斌. 新时期计算机网络云计算技术研究[J]. 电脑知识与技术,2019,15(3):41-42.

[75] 黄毅,胡爱群. 无线传感器网络定位算法综述[J]. 电信科学,2010,26(7):69-75.

[76] 黄玉兰. 物联网标准体系构建与技术实现策略的探究[J]. 电信科学,2012,28(4):129-134.

[77] 姬溶婧. 智慧城市研究现状分析[J]. 合作经济与科技,2019(13):14-17.

[78] 吉顺平,陆宇平. 西门子工业控制网络概述[J]. 电气制造,2007(12):80-82.

[79] 江代有. 物联网体系结构、关键技术及面临问题[J]. 电子设计工程,2012,20(4):143-145.

[80] 江婷婷. 5G 推动真正意义上的万物互联[J]. 当代贵州,2019(22):16-17.

[81] 江泽民. 新时期我国信息技术产业的发展[J]. 上海交通大学学报,2008,42(10):1589-1607.

[82] 姜冰. 基于电力线传输的智能建筑控制网络通信系统设计与研究[D]. 湖南:湖南大学,2004.

[83] 姜晨,颉轶萍,徐莎莎. 三网融合物联网的春天[J]. 电脑与电信,2011(6):37-38.

[84] 蒋青,贺正娟,唐伦. 泛在网络关键技术及发展展望[J]. 通信技术,2008,41(12):181-182,185.

[85] 金雷,谢立. 网络安全综述[J]. 计算机工程与设计,2003,24(2):19-22,32.

[86] 金立山. 智慧城市"群建"进行时[J]. 杭州(党政刊),2019(17):48-51.

[87] 金维玮. 智能建筑中的通讯协议研究[J]. 电脑知识与技术,2010,06(17):4762-4763.

[88] KNX 中国组织秘书处,慧聪智能硬件网. KNX 与 IoT 融合,打造更开放的智能家居生态[J]. 仪器仪表标准化与计量,2017(4):前插 12.

[89] 李广建，黄岚. 数字对象唯一标识 Handle System[J]. 图书馆建设，2004(3):20-23.

[90] 李海花. 电信网络交换技术的发展及趋势[J]. 通信世界，2003 :33-34.

[91] 李华英，李兴林. 智能建筑系统集成技术展望[J]. 工程设计 CAD 与智能建筑，2002:15-20.

[92] 李建文，马学宗，刘炜. 工业控制系统通讯协议的描述方法[J]. 微计算机信息，2005，21(4):44-45，85.

[93] 李金. "国标"KNX 铺路智能建筑[J]. 城市住宅，2013(5):I0012-I0013.

[94] 李坡，吴彤，匡兴华. 物联网技术及其应用[J]. 国防科技，2011，32(1):18-22.

[95] 李蕊，李仁发. 上下文感知计算及系统框架综述[J]. 计算机研究与发展，2007，44(2):269-276.

[96] 李文军. 计算机云计算及其实现技术分析[J]. 军民两用技术与产品，2018(22):57-58.

[97] 李文立，蔡玲玲. 微波扩频通信技术概述[J]. 数字传媒研究，2016，33(12):44-47.

[98] 李彦宏. IPv6 网络拓扑技术研究[J]. 数字技术与应用，2011(5):115-115.

[99] 李印鹏. 浅谈物联网通信技术的发展现状及趋势[J]. 山东工业技术，2018(8):138.

[100] 李勇. 无线通信在智能建筑中的应用[D]. 上海:上海交通大学，2014.

[101] 李纵天. 网络传输介质探索[J]. 中国新技术新产品，2012(4):37-37.

[102] 梁成. 生物网络拓扑特征分析及拓扑子结构发现算法研究[D]. 长沙:湖南大学，2015.

[103] 梁华. ZigBee 网络拓扑与自形成和自愈特性浅析[J]. 计算机光盘软件与应用，2014(18):132-132，134.

[104] 廖华. 面向 5G 无线通信系统的关键技术综述[J]. 通讯世界，2018(9):22-23.

[105] 林闯，雷蕾. 下一代互联网体系结构研究[J]. 计算机学报，2007，30(5):693-711.

[106] 林海雄. 论 IT 专家规划智慧城市的局限性[J]. 智能建筑，2019(1):24-29.

[107] 林军. "数字化"、"自动化"、"信息化"与"智能化"的异同及联系[J]. 电气时代，2008(1):A2-A7.

[108] 林伟俊. 物联网标准发展现状概述[J]. 福建电脑，2010，26(5)：40，48.

[109] 凌志浩. 物联网技术综述[J]. 自动化博览，2010(S1)：11-14.

[110] 刘丹，于海斌，王忠锋，等. 现场总线通信协议基本模型[C]// World Congress on Intelligent Control & Automation. 2006.

[111] 刘化君. 物联网体系结构研究[J]. 中国新通信，2010，12(9)：17-21.

[112] 刘锴. EIB 家庭网络通信系统的研究开发[D]. 杭州：浙江大学，2004.

[113] 刘昆轶，柏巍. 有序和无序之间——对城市生长状态的解读[J]. 城市，2008(3)：50-54.

[114] 刘威，李冬，孙波. 工业控制系统安全分析[C]//中国计算机学会. 第 27 次全国计算机安全学术交流会论文集，2012：41-43.

[115] 刘新军. 网络数据通信交换技术的分析与研究[J]. 电脑编程技巧与维护，2019(1)：170-172.

[116] 刘阳，缪蔚，殷浩. 通信保密技术的革命——量子保密通信技术综述[J]. 中国电子科学研究院学报，2012，7(5)：459-465.

[117] 刘芸，李政. 智慧城市提升城市治理能力[J]. 四川建筑，2019(4).

[118] 刘在爽，王坚，孙瑞，等. 无线通信物理层安全技术综述[J]. 通信技术，2014，47(2)：128-135.

[119] 柳进军. 把握智慧时代的城市生长新特点，探索智慧城市建设的有效路径[J]. 中关村，2019，191(04)：45-45.

[120] 卢美莲，程时端. 网络融合的趋势分析和展望[J]. 中兴通讯技术，2007，13(1)：10-13.

[121] 陆小敏，陈杰，袁伟. 关于智慧城市顶层设计的思考[J]. 电子政务，2014(1)：15-22.

[122] 罗春彬，彭龑，易彬. RFID 技术发展与应用综述[J]. 通信技术，2009，42(12)：112-114.

[123] 罗晓慧. 浅谈云计算的发展[J]. 电子世界，2019(8)：104.

[124] 马华东，陶丹. 多媒体传感器网络及其研究进展[J]. 软件学报，2006，17(9)：2013-2028.

[125] 马康忠，栾晓飞. 物联网技术应用实践及其体系结构[J]. 数码世界，2019(4)：228.

[126] 马岚，于进才. 软交换技术及其应用[J]. 电子技术应用，2003，29(12)：6-9.

[127] 马书惠. 向物联网和泛在网迈进的思考[J]. 科学与财富，2010(12)：

133-134.

[128] 马祖长，孙怡宁，梅涛. 无线传感器网络综述[J]. 通信学报，2004，25
(4):114-124.

[129] 茅天阳，赵亮. 智能家居通信技术研究综述[J]. 物联网技术，2017，7
(2):63-65，69.

[130] 孟代江. 人工神经网络技术及其应用[J]. 电子技术与软件工程，2016
(23):16-16.

[131] 孟洛明. 网络管理研究中的问题、现状和若干研究方向[J]. 北京邮电大
学学报，2003，26(2):1-8.

[132] 孟树森. 多媒体通信技术综述(中)[J]. 通讯世界，1998(10):15-20

[133] 莫宏伟. 强人工智能与弱人工智能的伦理问题思考[J]. 科学与社会，
2018，8(1):14-24.

[134] 莫慎婷. 旧城改造中的可持续发展研究[D]. 长沙:中南大学，2012.

[135] 牟连佳，杨丽萍. 通信协议与IT技术在智能建筑系统集成中应用研究
[J]. 计算机与数字工程，2007，35(3):98-100，144.

[136] 倪国栋. 物联网技术与应用研究[J]. 科技经济导刊，2017(36):9.

[137] 聂耀鑫，周萍，王玲妹. 基于IPv6的BACnet/IP通信协议的研究[J].
微计算机信息，2010，26(7):183-184，192.

[138] 欧阳东，吕丽，黄吉文，等. 《建筑机电设备开放式通信协议——io-
peNet》研究(二)[J]. 智能建筑电气技术，2010，04(3):84-86.

[139] 欧阳东，吕丽，黄吉文，等. 《建筑机电设备开放式通信协议——io-
peNet》研究(三)[J]. 智能建筑电气技术，2010，04(4):76-78.

[140] 潘东波. 基于LonWorKs现场总线的智能建筑研究及开发[D]. 重庆:
重庆大学，2003.

[141] 潘颖，秦嘉杭，尚刚. 物联网标准研究综述[J]. 无线互联科技，2014
(6):34-35，47.

[142] 裴庆祺，沈玉龙，马建峰. 无线传感器网络安全技术综述[J]. 通信学
报，2007，28(8):113-122.

[143] 彭晓春，陈新庚，李明光，等. 城市生长管理与城市生态规划[J]. 中国
人口·资源与环境，2002，12(4):24-27.

[144] 彭晓春，许振成，白中炎，等. 超大都市群的生长及其循环经济建设研
究[C]//中国环境科学学会. 中国环境保护优秀论文集，2005:94-99.

[145] 戚佳金，陈雪萍，刘晓胜. 低压电力线载波通信技术研究进展[J]. 电
网技术，2010，34(5):161-172.

智慧系统导论

[146] 齐涛，周萍. BACnet/IP 通信协议解析[J]. 智能建筑与城市信息，2007(2):49-52.

[147] 钱志鸿，王义君. 面向物联网的无线传感器网络综述[J]. 电子与信息学报，2013(1):215-227.

[148] 钱志鸿，王义君. 物联网技术与应用研究[J]. 电子学报，2012，40(5):1023-1029.

[149] 乔胜华. 智能建筑中基于互联网络协议的系统集成研究[D]. 长春:吉林大学，2004.

[150] 秦卫杰，蒙璐璐. 短距离无线网络通信技术及其应用分析[J]. 大科技，2018(17):296-297.

[151] 邱小明. 物联网体系结构及关键技术研究[J]. 电脑知识与技术，2011，07(28):6847-6849.

[152] 屈军锁，朱志祥. 可运营管理的通用物联网体系结构研究[J]. 西安邮电学院学报，2010，15(6):68-72.

[153] 屈婷. 5G 时代 新科技如何赋能艺术？[J]. 艺术市场，2019(9).

[154] 冉隆科. 因特网技术发展趋势浅析[J]. 电子展望与决策，1999:27-29.

[155] 茹艳，潘俊方，樊阿娇，等. 物联网技术的发展及其应用研究[J]. 无线互联科技，2016(5):139-140.

[156] 山本和幸，福永雅一，黄吉文，等. 通信协议标准规格[J]. 智能建筑电气技术，2008，2(2):28-30.

[157] 上海工程技术大学课题组. 上海推进智慧城市建设的瓶颈与对策[J]. 科学发展，2013(10):39-49.

[158] 邵奇峰，金澈清，张召，等. 区块链技术:架构及进展[J]. 计算机学报，2018，41(5):969-988.

[159] 邵潇，柴立和. 城市生长的理论模型及应用[J]. 天津理工大学学报，2009，25(6):14-17.

[160] 邵旭. 因特网技术的危机[J]. 电子科技，2000(11):11-12.

[161] 沈昌祥，张焕国，冯登国，等. 信息安全综述[J]. 中国科学 E 辑，2007，37(2):129-150.

[162] 沈璞，于志鹏. KNX 智能家居控制在中国的应用现状与发展分析[J]. 仪器仪表标准化与计量，2011(5):17-19，48.

[163] 沈苏彬，毛燕琴，范曲立，等. 物联网概念模型与体系结构[J]. 南京邮电大学学报(自然科学版)，2010，30(4):1-8.

[164] 沈苏彬，杨震. 物联网体系结构及其标准化[J]. 南京邮电大学学报(自

然科学版),2015,35(1):1-18.

[165] 盛宏. 2000 年因特网技术展望[J]. 首都信息化,1999(12):23-25.

[166] 石明明,鲁周迅. 三种无线通信协议综述[J]. 通信技术,2011,44(7):72-73,91.

[167] 石友康. 下一代网络的核心——软交换技术[J]. 电信科学,2002,18(1):39-44.

[168] 史锦山,李茹. 物联网下的区块链访问控制综述[J]. 软件学报,2019,30(6):1632-1648.

[169] 斯蒂芬·莱曼,赵纪军. 可持续的城市生长后工业城市的新模式[J]. 风景园林,2009(1):32-41.

[170] 宋启波. 工业网络控制系统多协议通信技术研究[D]. 济南:济南大学,2016.

[171] 宋向红,王慧军. 网络安全的关键技术及其发展趋势[J]. 内江科技,2011,32(6):121-122.

[172] 苏恒磊. 浅析国内外物联网技术的发展[J]. 无线互联科技,2014(7):23-23.

[173] 孙建河,吉逸. 计算机网络技术(5)——因特网技术及其应用[J]. 机械制造与自动化,2001(5):49-53.

[174] 孙凌. 基于物联网技术的 IBMS 应用研究[D]. 长沙:湖南大学,2016.

[175] 孙其博,刘杰,黎羴,等. 物联网:概念、架构与关键技术研究综述[J]. 北京邮电大学学报,2010,33(3):1-9.

[176] 孙其博,刘杰,黎羴,等. 物联网:概念、架构与关键技术研究综述[J]. 北京邮电大学学报,2010,33(3):1-9.

[177] 孙芊芊. 新时期智慧城市建设的机遇、挑战和对策研究[J]. 江淮论坛,2019(4):52-56.

[178] 孙亭,杨永田,李立宏. 无线传感器网络技术发展现状[J]. 电子技术应用,2006,32(6):1-5,11.

[179] 孙小东,王劲松,李强,等. 工业互联网平台的架构设计[J]. 工业加热,2020,49(5):48-50,54.

[180] 孙小礼. 数字地球与数字中国[J]. 科学学研究,2000,18(4):20-24.

[181] 孙中红. 网络传输介质的比较和选择[J]. 计算机与网络,2004(21):43-45.

[182] 唐琳. 物联网技术研究现状及其体系结构分析[J]. 赤峰学院学报(自然科学版),2013(11):14-15.

智慧系统导论

[183] 陶蒙华，崔亚娟. 电信和广电的业务和网络融合技术探讨[C]//中国通信学会. 中国通信学会信息通信网络技术委员会 2011 年年会论文集，2011:535-539.

[184] 佟大柱. 基于信息安全视角下的智慧城市建设研究[J]. 网络空间安全，2019,10(2):1-4.

[185] 佟为明. 智能电器通信技术综述[J]. 电器与能效管理技术，2018(21):1-9.

[186] 万海涛. 数据中心网络拓扑结构研究[J]. 电脑知识与技术，2016,12(21):43-45.

[187] 汪礼俊，张宇，阮平南. 信息化对京津冀协同发展的作用研究——基于世界五大城市群的经验[C]//中国软科学研究会. 第十一届中国软科学学术年会论文集，2015:110-118.

[188] 王成. 应急通信技术综述[J]. 科技信息，2009(27):434,465.

[189] 王岱辉. 万物互联时代智能硬件的发展思考[J]. 中国电信业，2018,209(05):13-15.

[190] 王德铭. 计算机网络云计算技术应用[J]. 电脑知识与技术，2019,15(12):274-275.

[191] 王国才，施荣华. 计算机通信网络安全[M]. 北京:中国铁道出版社，2016.

[192] 王海涛，付鹰. 异构网络融合——研究发展现状及存在的问题[J]. 数据通信，2012(2):18-21.

[193] 王合. 物联网安全体系和关键技术探索[J]. 数字通信世界，2019(2):108.

[194] 王健. 5G 构建万物互联的智能世界[J]. 软件和集成电路，2019(8).

[195] 王晶颖. 应用于智能建筑的总线技术浅析[J]. 科学与财富，2012(12):294.

[196] 王少林，王越，申斌. 基于 SOA 的建筑设备物联网体系架构研究[J]. 计算机技术与发展，2014(1):196-199.

[197] 王世伟，曹磊，罗天雨. 再论信息安全、网络安全、网络空间安全[J]. 中国图书馆学报，2016(5):4-28.

[198] 王小红. 智慧城市理念与未来城市发展[J]. 科技创新与应用，2016(13):72.

[199] 王兴伟，李婕，谭振华，等. 面向"互联网＋"的网络技术发展现状与未来趋势[J]. 计算机研究与发展，2016.

[200] 王雄. 云计算的历史和优势[J]. 计算机与网络, 2019, 45(2):44.

[201] 王艳华. 网络传输介质的比较与选择[J]. 微型机与应用, 2001, 20(3):28-30.

[202] 王艺, 诸瑾文, 来勐. 从 M2M 业务走向泛在网[J]. 电信科学, 2009, 25(12):13-16.

[203] 王元源. 软交换技术与应用[J]. 消费电子, 2014(14):107.

[204] 王智, 王天然, Ye-qiong SONG, 等. 工业实时通讯网络(现场总线)的基础理论研究与现状(上)[J]. 信息与控制, 2002, 31(2):146-152, 163.

[205] 王智. 工业实时讯网络(现场总线)的基础理论研究与现状(下)[J]. 信息与控制, 2002, 31(3):241-249.

[206] 王佐. 有机生长理论及思考——从有机生长理论到可持续发展理论[J]. 清华大学学报(哲学社会科学版), 1997:77-82.

[207] 韦颜秋, 李瑛. 新型智慧城市建设的逻辑与重构[J]. 城市发展研究, 2019, 26(6):108-113.

[208] 魏柏舟. 网络拓扑结构类型简论[J]. 才智, 2012(25):54.

[209] 魏忠. 借我借我一双复眼吧——从普适计算到物联网和云[J]. 中国信息技术教育, 2016(12):12.

[210] 文阁. 多媒体通信[J]. 江苏通信, 1995(4):27-27.

[211] 文军, 张思峰, 李涛柱. 移动互联网技术发展现状及趋势综述[J]. 通信技术, 2014(9):977-984.

[212] 邬贺铨. 接入网技术[J]. 通信市场, 2001(8):23-24.

[213] 巫细波, 杨再高. 智慧城市理念与未来城市发展[J]. 城市发展研究, 2010, 17(11):56-60, 40.

[214] 吴霖. 浅谈物联网通信技术应用及发展研究[J]. 中国新通信, 2018, 20(19):120.

[215] 吴先涛, 吴承治. 普适计算与泛在网络[J]. 现代传输, 2009(3):51-63.

[216] 夏竞辉. 网络融合:揭幕 U 时代[J]. 中国电信业, 2007(9):10-13.

[217] 夏莹莹, 谢振华. 物联网标准体系研究[C]//中国标准化协会. 第十二届中国标准化论坛论文集, 2015:819-824.

[218] 肖德琴, 沈勇. 网络通信协议形式化描述与验证技术的研究[J]. 重庆师范大学学报(自然科学版), 1997, 14(2):69-75.

[219] 肖青. 物联网标准体系介绍[J]. 电信工程技术与标准化, 2012, 25(6):8-12.

[220] 新华网，搜狐网. 物联网技术为城市管理赋能[J]. 今日科技，2019 (8):31.

[221] 邢丹，姚俊明. 面向医疗行业物联网:概念、架构及关键技术研究[J]. 物联网技术，2014(11):49-52，55.

[222] 徐雷，张云勇，吴俊，等. 云计算环境下的网络技术研究[J]. 通信学报，2012(z1):216-221.

[223] 徐利梅，童明俶. 现场总线及其在楼宇自控系统中的应用[J]. 智能建筑与城市信息，2003(7):15-17.

[224] 徐艳萍. KNX/EIB 协议栈的研究与实现[D]. 合肥:合肥工业大学，2014.

[225] 许斌. 基于 LoRa 的物联网通信协议研究与实现[D]. 西安:西安电子科技大学，2018.

[226] 许凯明. 建筑创新应是城市生长的良性变异[J]. 美术观察，2013(3):17-18.

[227] 许子明，田杨锋. 云计算的发展历史及其应用[J]. 信息记录材料，2018，19(8):66-67.

[228] 亚里士多德. 政治学[M]. 吴寿彭，译. 北京:商务印书馆，1983.

[229] 杨东伟. 开创泛在电力物联网时代的价值新蓝海[J]. 国家电网，2019 (5):42-43.

[230] 杨小彦. 城市生长的隐喻[J]. 读书，2006(2):65-71.

[231] 杨秀丽，王陆唐，黄肇明. 混沌通信技术概述[J]. 微计算机信息，2004 (12):120-121，90.

[232] 杨泽兴. 计算机网络中的数据通信交换技术探索构架[J]. 中国新通信，2019，21(1):17.

[233] 姚旭东. 国内外物联网技术发展的比较研究[D]. 四川:西南交通大学，2012.

[234] 叶纯青. 万物互联的基石[J]. 金融科技时代，2015(7):28-28.

[235] 叶大革. 接入网技术的分析与选择[J]. 电力系统通信，2007，28(2):30-33.

[236] 叶敏莉. 住宅和楼宇控制系统 HBES(KNX/EIB)介绍[J]. 仪器仪表标准化与计量，2007(5):1-5.

[237] 佚名. 智能建筑的发展历程[J]. 建筑技术，2002，33(11):862.

[238] 尹静. 物联网在智慧城市中的应用分析[J]. 无线互联科技，2019，16 (13):129-130.

[239] 游明琦. 智慧城市的过去、现在和未来[J]. 大众科学, 2019(1):54-55.

[240] 于艳杰, 张喜海. 物联网技术的发展与应用研究[J]. 科技创新与应用, 2015(17):40.

[241] 于志江. 有机生长理论下城市生长规则探究[J]. 山西建筑, 2016(6): 20-21.

[242] 于忠斌, 丁恩杰. 工业以太网与现场总线技术[J]. 智能建筑与城市信息, 2004(6):23-26.

[243] 俞可平. 走向善治:国家治理现代化的中国方案[M]. 北京:中国文史出版社, 2016.

[244] 庾晋, 白木, 周洁. 多媒体通信技术的重要应用[J]. 电力系统通信, 2001, 22(12):17-21, 25.

[245] 喻晗. 物联网体系结构研究[J]. 信息与电脑, 2018(8):158-159.

[246] 袁雪峰, 李效梅. 建筑环境的改造与更新——城市生长的一种重要方式[J]. 四川建筑科学研究, 2007, 33(5):149-150, 160.

[247] 袁勇, 王飞跃. 区块链技术发展现状与展望[J]. 自动化学报, 2016, 42(4):481-494.

[248] 岳宇君, 岳雪峰, 仲云云. 农业物联网体系架构及关键技术研究进展[J]. 中国农业科技导报, 2019, 21(4):79-87.

[249] 翟慧, 任阳. 泛在网融合需求凸显"全 IP 化构架＋多样化终端"成利器[J]. 通信世界, 2011(34):80.

[250] 詹志强, 孟洛明, 邱雪松. 多专业网综合网管系统体系结构的研究[J]. 北京邮电大学学报, 2003, 26(1):55-59.

[251] 张超, 任勇, 戴超, 等. 智慧城市顶层设计与企业 IT 架构设计的异同研究[J]. 信息通信, 2015(10):83-85.

[252] 张冬梅, 马文峰, 孙保明, 等. 协同融合泛在网传输试验平台的设计与实现[J]. 电信科学, 2013, 29(2):77-83.

[253] 张海深. 卫星通信技术发展概述[J]. 黑龙江科技信息, 2013(5): 15-16.

[254] 张红卫, 刘棠丽, 彭革非. 从标准化视角解析智慧城市顶层设计[J]. 信息技术与标准化, 2019(8):19-24, 29.

[255] 张晖. 我国物联网体系架构和标准体系研究[J]. 信息技术与标准化, 2011(10):4-7.

[256] 张家伟, 李骥志. 5G 推动万物互联[J]. 农村电工, 2019, 27(7):61.

[257] 张建忠, 郭永庆, 王珩. 光纤通信技术综述[J]. 黑龙江水利科技,

2005，33(3):19-19.

[258] 张洁. 浅析物联网的体系结构与关键技术[J]. 数字技术与应用，2014(7):203-204.

[259] 张俊，程大章. 西门子 KNX/EIB 智能控制系统在建筑节能改造中的应用[J]. 低压电器，2009(12):1-3，15.

[260] 张理. 通信网技术发展概述(上)[J]. 电信交换，1998(3):1-4.

[261] 张理. 通信网技术发展概述(下)[J]. 电信交换，1998(4):1-6.

[262] 张萌. 普适环境下上下文感知计算的分析和综述[J]. 科技资讯，2008(30):213-214.

[263] 张平，苗杰，胡铮，等. 泛在网络研究综述[J]. 北京邮电大学学报，2010，33(5):1-6.

[264] 张士文，殳国华，韩正之. 低压电力线通信技术综述[J]. 华北电力技术，2001，1(1):27-29，43.

[265] 张树京，陈渔源. 多媒体通信技术综述[J]. 电信科学，1994(04):3-8.

[266] 张伟明，罗军勇，王清贤. 网络拓扑可视化研究综述[J]. 计算机应用研究，2008，25(6):1606-1610.

[267] 张文丽，郭兵，沈艳，等. 智能移动终端计算迁移研究[J]. 计算机学报，2016，39(5):1021-1038.

[268] 张晓颖. 电信网络交换技术的发展及趋势[J]. 硅谷，2011(23):13-13.

[269] 张杏芬. 基于智慧城市理念的城市建筑设计问题探究[J]. 科学技术创新，2019(4):100-101.

[270] 张永刚. 中国智能建筑的发展及其标准化建设[J]. 中国标准化，2008(10):5-7.

[271] 张月霞，殷生旺，戴佐俊，等. 工业 4.0 中的工业通信技术概述[J]. 民营科技，2017.

[272] 张在琛. 泛在电力物联网关键支撑技术[J]. 电力工程技术，2019，188(06):7-7.

[273] 张峥. 因特网技术在智能建筑中的应用[J]. 中州大学学报，2002(4):86-86，91.

[274] 张志鹏. 基于复杂网络理论的计算机网络拓扑研究[J]. 电子制作，2015(1):164-165.

[275] 赵斌. 云计算安全风险与安全技术研究[J]. 电脑知识与技术，2019，15(2):27-28.

[276] 赵国锋，陈婧，韩远兵，等. 5G 移动通信网络关键技术综述[J]. 重庆

邮电大学学报(自然科学版),2015,27(4):441-452.

[277] 赵慧玲,董斌. 下一代网络控制技术的核心——IMS 的现状和未来[J]. 电信科学,2007,23(3):37-40.

[278] 赵慧玲. 下一代网络交换技术发展趋势[J]. 移动通信,2006,30(6):23-25.

[279] 赵季中,宋政湘,齐勇. 对基于 TCP/IP 协议的几个网络安全问题的分析与讨论[J]. 计算机应用研究,2000,17(5):44-47.

[280] 赵静明. 人工智能研究需要新的理论突破——强人工智能实现的理论模型[J]. 电脑知识与技术(学术交流),2007,3(16):1117-1118,1120.

[281] 赵欣. 物联网发展现状及未来发展的思考[J]. 计算机与网络,2012(Z1):126-129.

[282] 赵雅静,王峰,李晓东,等. 互联网资源命名寻址技术综述[J]. 计算机应用研究,2007,24(7):1-5.

[283] 赵妍,苏玉召. 融合物联网云平台的智慧城市研究[J]. 教育教学论坛,2017(23):80-81.

[284] 赵艳领,闫晓风,郑秋平. 一种嵌入式 KNX-BACnet/IP 网关的实现方法[J]. 智能建筑电气技术,2015,9(3):76-79.

[285] 赵子忠. 5G 哲学与创新方向[J]. 青年记者,2019(19):59-60.

[286] 甄峰,秦萧. 智慧城市顶层设计总体框架研究[J]. 现代城市研究,2014(10):7-12.

[287] 郑文波. 网络技术与控制系统的技术创新[J]. 测控技术,2000,19(6):5.

[288] 郑志彬. 信息网络安全威胁及技术发展趋势[J]. 电信科学,2009,25(2):28-34.

[289] 仲晖东. 计算机网络技术发展概述[J]. 民营科技,2011(2):46.

[290] 周海涛. 泛在网络的技术、应用与发展[J]. 电信科学,2009,25(8):97-100.

[291] 周敬利,罗为民,余胜生. 多媒体通信新标准——MPEG4[J]. 电信科学,1998(8):45-46.

[292] 周力丹. 多媒体通信技术[J]. 信息方略,1994(6):4-7.

[293] 周敏. 智能建筑内的几种现场总线技术分析[J]. 科技信息,2009(23):313,319.

[294] 周渝霞. 物联网通信技术的研究综述[J]. 环球市场,2015(13):35-35.

[295] 周远新. 大数据、云计算技术在智慧城市中的应用分析[J]. 数码世界,

2019(4):151.

[296] 周政煊. 计算机网络通信常见问题及其技术发展概论[J]. 西部皮革,
2017, 39(8):2.

[297] 朱晶. TCP 协议简述与三次握手原理解析[J]. 电脑知识与技术, 2009,
5(5):1079-1080.

[298] 朱敏. 网络安全技术[J]. 计算机应用与软件, 2002, 19(11):53-55.

[299] 朱沛胜, 段世惠. 泛在网络发展现状分析[J]. 电信网技术, 2009(7):
18-22.

[300] 朱西方. 物联网技术发展及应用研究[J]. 山东工业技术, 2017
(8):151.

[301] 朱仲英. 传感网与物联网的进展与趋势[J]. 微型电脑应用, 2010, 26
(1):1-3.

[302] 庄晓燕, 周森鑫. 工业控制以太网协议实现研究[J]. 计算机技术与发
展, 2009, 19(12):243-247.

[303] 庄振运, 戴晓慧. 软交换技术及其标准[J]. 电信技术, 2001(4):31-35.

[304] 左琳. 数据通信技术综述及探讨[J]. 电脑知识与技术, 2012, 08(8):
1809-1810.

后记

关于破解城市数字化全面转型难点的一些思考

2021年伊始，上海市发布了《关于全面推进上海城市数字化转型的意见》（以下简称《意见》），目标是打造具有世界影响力的国际数字之都；浙江省发布了《浙江省数字化改革总体方案》，要在根本上实现全省域整体智治、高效协同；深圳市发布了《深圳市人民政府关于加快智慧城市和数字政府建设的若干意见》，目标是成为"数字中国"城市典范和全球新型智慧城市标杆；苏州市发布了《苏州市推进数字经济和数字化发展三年行动计划（2021年—2023年）》，目标是成为"全国数字化引领转型升级标杆城市"；其他多数城市的"十四五"规划中，"数字化""数字经济"都是亮眼并且高频出现的词汇。

从技术发展阶段上讲，已经从"机械化""电气化""自动化"走向了"智能化""数字化""信息化""智慧化"，现在已经处于"智慧化"发展的初期阶段；城市建设也经历了"智能城市""数字城市""智慧城市""新型智慧城市"多个阶段。何以在"十四五规划"开局之年，"城市数字化"这样一个朴素的技术概念会以全新的姿态再次高调出现？这成为许多从业人员难以释怀的疑问。城市数字化转型要做什么？这显然不是一个新的概念。要走回头路吗？

本书中第7.1.1节"中国智慧城市发展的迷雾"，阐述了我国智慧城市建设过程中存在以下比较突出的问题：

（1）投资巨大，收效甚微。许多已建成的项目都是夹生饭，功能缺乏实用性而导致应用推广极其困难，主要是缺乏有效的顶层设计所致。

（2）盲目攀比，一哄而起。只有城市或城区管理水平达到了一定高度，适合进行智慧化流程再造时才能进行智慧城市建设，否则不但达不到提高城市运转效率的目的，反而还会起反作用。

智慧系统导论

（3）缺少特色，千城一面。切忌以 IT 技术专家替代规划专家，需要紧扣城市特色，紧贴城市规划和自身的实际需要，做出实用并且具有前瞻性的智慧城市建设方案。

（4）各自为政，重复建设。政府的条块管理机制是造成大量重复建设的主要原因，这些重复建设造成了资源的极大浪费。

（5）互不联通，孤岛丛生。智慧城市建设的核心是整合资源，要把城市运行的各个核心系统整合起来，使城市成为一个互联互通的大系统，而"信息孤岛"则成为资源整合过程的最大障碍。

（6）概念追风，面子工程。与智慧城市有关的新概念一直不断涌现，不少主政一方的领导习惯于热捧热追新概念而不计后果，导致一大批华而不实的形象工程、政绩工程、面子工程出现。

当然，智慧城市建设过程中还存在许多其他问题。这次全国范围内重提"数字化"，说明决策层没有忽视这些问题，更是在深入思考这些问题，并且正视了数字化是智慧化最重要的支撑，也客观地把智慧城市建设过程看作一个循环的螺旋式上升的过程。同时，数字化再启动，并不只是为了补好数字化的短板，更是为了实现更高质量的智慧化。城市发展理论自身也在一个争议、实践、调整的过程中，智慧城市建设在跟随这一过程、服务于城市发展的同时，也必须不断进行自我完善调整，要有越来越强大的力量促进甚至引导城市发展。

上海一直走在智慧城市建设的前列，从 2010 年提出"创建面向未来的智慧城市"战略开始，不断地进行规划完善，在信息基础设施、网络安全保障以及信息技术产业发展方面取得良好成效，政务服务"一网通办"、城市运行"一网统管"引领全国发展，"一网通办"入选了《2020 联合国全球城市电子政务经典案例》。在新冠疫情最严重的 2020 年初，上海市又发布了《关于进一步加快智慧城市建设的若干意见》，对新型智慧城市进行深度规划布局，这足以说明上海对建设智慧城市高度重视。在 2020 全球智慧城市大会（Smart City Expo World Congress，SCEWC）上，上海从全球 350 个城市中脱颖而出，获得最高殊荣——世界智慧城市大奖。这是中国城市首次获得该奖项，表明上海的智慧城市建设成效卓著，得到来自全球的广泛关注和高度认可。

此次重启"城市数字化"，说明上海虽然处于智慧城市发展前列，但是没有故步自封。上海把城市数字化转型作为事关全局、事关长远的重大战略，市委书记和市长双双担任城市数字化转型工作领导小组组长。这次行动计划没有拘泥于某些单独领域的"单兵锤炼"，而是提出"全面推进城市数字化转型"。《意见》指出，要坚持整体性转变，推动"经济、生活、治理"全面数字化转型；坚持全方位赋能，构建数据驱动的数字城市基本框架；坚持革命性重塑，引导全社会共建共治共享数字城市。这个在全国率先提出的"全面转型"理念,体现了把城市作为一个完整有机生命体的人文思想,也展现了上海建设智慧城市思维战略站位之高,是一个更高水平智慧城市建设的新进程。

"全面推进城市数字化转型"难点在"全面"。"全面"必将涉及城市的方方面面,上海提出"经济数字化、生活数字化、治理数字化"来作为全面转型的概括描述,让转型目标更加清晰明确。虽然上海智慧城市建设领先全国,但毋庸讳言,仍不同程度地存在着各种问题。面对超大城市这样的"复杂巨系统",如何做到整体推进的同时不会顾此失彼,必须正视问题、紧盯难点,以"人民城市人民建"为出发点,发挥"党建引领"的关键作用,开展"人民战争",以社会之力办社会之事,由此才能破解"全面"这个难点。

《意见》同时指出,要创新工作推进机制,科学有序地全面推进城市数字化转型,并对有关推进措施做好部署安排。关于如何正确破解城市数字化全面转型的难点,本书中已经有不少相关分析。作为一名非常关心城市建设从业多年的技术人员,希望能够为这一重大命题做些更有针对性的建议。因此在对有关观点重新梳理的基础上,特补充如下思考。

1. 厘清政府层级与条块分工,是基础和前提

政府是城市数字化全面转型的根本推动力,与此同时,政府的条块管理机制也是制约智慧城市建设发展的重要因素。政府管理机制不可能在很短的时间内进行快速调整,因此,如何对政府不同的层级与条块进行清晰的定位和正确的分工,是全面推进城市数字化转型的根本基础和大前提。

对于上海这样的超大城市来说,一般都是市、区、街镇三级建制。由于城市规模极其庞大,城市数字化转型建议按照分级建设的方式进行。分级建设需要在进行总体规划时,就要把市、区、街镇各级政府的分工与职责定位清晰确定。另外,分级建设需要进行分级顶层设计,总体顶层设计的规则应该由市级制定,下级顶层设计应在上级规则框架内进行,条线管理应该制定基本规则要求,但各级功能应用可以自由发挥。要严禁上级机构沿条线统一指令性推行具体应用功能到基层,基层事务千差万别,很难靠上级机构统一确定问题的解决方法。

市级重点工作应该是总体定位与规划,以及一级顶层设计,对数据建设及交互规则制定标准,确定市级委办局所需功能;区级重点工作应该是二级顶层设计,做好和市级及街镇数据对接工作,确定区级委办局所需功能;基层数字化转型场景应用应该由街镇负责落地,但街镇也应该做好三级顶层设计。

同一级政府内,应该确立有权威的、责权利一致的数字化转型统筹实施部门与同级的"城市数字化转型工作领导小组"相衔接,各局委办或科室办原则上可以不承担基础设施建设工作,但应负责条线的规则制定和专门场景应用的开发、实施横向部门的协同与联动等工作。在"一网统管"的推进过程中,设立了各级大数据中心、城市运行中心,尽管实际运行中还存在着各种各样的问题,但仍不失为积极进取的尝试,对未来城市运行机制和流程再造、实现"革命性重塑",进行的探索意义重大。

应重视城市末端数字化转型。有统有放,通过规则约束和充分授权,在不破坏基本原则和规则的基础上,尽可能发挥基层政府、基层干部和普通居民、各类企事业单位的主观能动性,设计出符合基层需求的场景应用、能够解决实际问题的基层整体转型方案,通过局部整体转型来促进实现城市"全面转型"。

2. 加快合格专家队伍建设,刻不容缓

城市数字化在全球方兴未艾,各种新技术和建设新思路仍在不断探索之中。全面数字化转型需要一大批能够把握技术方向、能够洞悉城市与产业运行规律、能够体察关心社会情势、具有综合能力的合格专家,才能够驾驭不同领域的数字化转型的建设方向和进程。各级领导干部要摒弃数字化转型是一项技术建设工程的思维,不能简单地把IT技术专家来替代城市数字化规划专家,要充分重视城市运行理念与城市数字化转型技术的深度融合,要尽快采取有效措施,强化城市规划理念、城市运行理念、产业发展理念、人民幸福理念的主导作用,站在党建引领的高度进行人才建设,快速打造一支专业能力与综合能力相辅相成的合格专家队伍。这对保证城市数字化全面转型不走偏路,最终能够对城市发展发挥作用非常重要。

3. 领导自身定位很重要,需要树立"新三观"

对于城市数字化全面转型来说,领导自身定位很重要,需要树立"新三观"。这新三观分别是"全局观""基础设施观""一把手工程观"。

第一观,无论是城市一把手还是各个局委办的领导,时刻不能忘记,自己负责或者参与建设的城市数字化全面转型是一个全面的、整体的、系统的工程,是不可分割的,全局定位必须正确,局部必须服从全局。这是"全局观"。

第二观,城市数字化全面转型,是在建设一种新型城市基础设施,而不是一个功能性的技术系统。就如同修铁路、造机场、建设城市管廊一样,按照城市基础设施的规格,进行战略规划、顶层设计,确立技术规范、建设标准,不能指望一蹴而就,要根据发展需要逐步实施。这是"基础设施观"。

第三观,战略定位和顶层设计必须是一把手工程,由一把手担任第一负责人。顶层设计就是要确保各个相关主体、职能部门、社会组织和核心要素不断进行优化组合,进行协同工作,使之能够真正为城市的高效运行及实现战略发展目标起到作用。如果不是一把手领衔,这样的目标是不可能达到的。由一把手亲自统帅顶层设计团队,才能让城市发展的战略构想完整地融入设计,让城市治理的逻辑思维准确地融入设计,才能全方位地调配资源,确保以上原则得到各方遵循、顶层设计得到高质量完成,最终能够实现建设目标。同时,也可以让一把手及早对城市数字化全面转型的完整认知,防止出现方向性偏差,甚至可以及早发现城市战略规划中的缺陷而予以及时弥补。因此,顶层设计必须是一把手工程,需要一把手亲自掌舵。市、区、街镇多级顶层设计仍然需要由各级的一把手亲自统帅各级顶层设计团队,并需要市级一把手统筹。这是"一把手工程观"。

4. 以有限的"全面",定位城市数字化全面转型

无论是上海,还是其他城市,财力和资源都是有限的,无法在某个阶段进行无限量的智慧城市建设,因此,建设"有限的智慧城市"应该成为一个长期的理念。城市数字化全面转型也只能是一个定位和方向,只能是有限的"全面"。哪些应该转?哪些不应该转?哪些应该先转?哪些应该后转?需要有宏观的指导性意见,要把有限的资源用到该用的地方,要避免再出现一批无用的形象工程、面子工程。

具有长远战略意义的、能够提高城市运行效率和企业生产效率的、为生活创造便利和人民群众有获得感的都应该转,人民群众生活和工作急需的、能够快速提高竞争力形成良性循环的都应该先转,没有实用价值的什么时候都不应该转。要让全面转型"全"得有价值,在局部整体转型的工作中也要遵从这样的指导思想,要把"管用、爱用、受用"作为全面转型的准则与目标。

5. 挖掘轻量级城市数字化转型方案,事半功倍

除了合理确定数字化转型的内容和先后顺序,挖掘轻量级城市数字化转型方案也至关重要。要采用轻量级的技术架构、轻量级的落地方式,能用软件实现的不用硬件,尽量提高模块化、标准化程度,提升可复制性,充分利用既有智慧城市建设成果,这一切都是让城市数字化转型的投入轻量化的措施,让有限的建设资源发挥更多的作用。在条件许可的前提下,也让"全面"推进的这个"面"尽可能推进得更大一些。

过去智慧城市建设常常先大规模铺设基础硬件设施,然后逐步开发应用,几年之后许多硬件设施还没开始发挥作用,可能已经不能满足新的需要了。建议摒弃过去的老传统,硬件设施的投入应该适时合理进行,不能不分轻重缓急一次性铺设到位。毕竟建设智慧城市是为了使用,投入了没有发挥作用或者投入了好多年之后才发挥作用都是巨大的浪费。

应该充分重视和发挥个人手机资源的作用,在有效的顶层设计和轻量级技术架构支撑之下,优先开发手机应用程序,从让人们尽快学会使用智慧城市

功能着手,让所有的人能够真切体会数字化、智慧化的妙趣和功用,并逐步吸引更多的人来参与开发数字化转型的场景应用。人们会用了之后再提炼出来的应用需求一定是实用的,一定是有价值的。根据这种需求逐步配置硬件设施,既能做到有的放矢,又能起到轻量级投入、事半功倍的作用。这种方法可以为"全面"转型创造"开源"和"节流"的双重效果。

6. 构建分布式互联互通,数据也要少跑路

"万物互联,万网互通"是实现城市数字化全面转型的必然要求。人、物、环境与事件的完全互联,信息网、物理网、地理网与社会网的深度融合,符合城市作为一个完整有机生命体数字孪生的基本需要。

《意见》第(六)条提出,按照"统筹规划、共建共享"的原则,打造"物联、数联、智联"的城市数字底座。这个"数字底座"概念一下子成为"网红"词汇,紧接着 CIM(城市信息模型)成了一项热捧的技术。城市数字化转型的核心工作是数据建设,包括数据获取、数据处理、数据存储、数据交互、数据应用等,为数据建设提供的技术基础支撑框架才应该是这个数字底座,它应具有普适性、标准性、安全性、互联互通等重要特征。第(六)条还有一段文字,"汇聚政务服务、城市运行感知、市场与社会主体等多源异构数据,制定统一的数据标准、接口规范、调用规则,实现跨部门、跨行业的系统平台数据对接。"这才是重中之重的工作,是数字底座的重要工作内容,很遗憾尚未引起足够的重视。怎样开展这一部分工作,让它发挥应有的作用,是关系到全面转型能不能最后成功的关键所在。CIM 建设也很重要,是未来能够赋能诸多应用的重要手段,但是CIM 不能替代数字底座,也不是城市数字化转型的先决条件。

这里重点强调的是应该广泛采用分布式的互联互通。硬件系统、软件系统、数据获取、数据存储、数据交互、数据应用都应该是分布式的。城市中产生的绝大部分数据只对本地的应用有价值,应尽可能实现数据就近获取、就近存储、就近应用的本地化运行方式,要大力推广普适计算(泛在计算)技术,在算力均衡的前提下,多用设备本体计算和边缘计算,少用云计算,减少需要跑路的数据量,让需要跑路的数据跑得更通畅。城市数字化全面转型,意味着数据量将会大幅度上升。刚刚建设智慧城市的时候,让群众少跑路、让数据多跑路,是我们的工作目标。未来则需要树立"数据也要少跑路"的指导思想,才能减轻网络的负荷,才能有网络的稳定性与舒适性。否则,网络的建设速度可能赶不上数据的增长速度,网络的适应能力就难以得到保障。

分布式系统除了能够减少网络拥堵之外,最重要的特点是提升了整体系统的稳定性,局部故障不会导致系统瘫痪。泛在计算思想强调的是看不见计算机的、无处不在的计算,应该让智慧元素像空气一样弥漫在城市的每个角落,而不是把它们集中在某个巨大无比的机房里或大厅里。因此,《意见》中关于建设集中化城市智能中枢的思路和其他类似"城市大脑"那样的提法都还值得商榷。超大城市是一个"复杂巨系统",有其自然的运行规律。这种集中式的建设思路与分布式的理念相背离,与解决城市问题的实际需要也不相符。

因此,应该把分布式互联互通作为城市数字化全面转型建设的长效举措。

"全面推进城市数字化转型"的开始,标志着更高水平智慧城市的建设拉开了序幕。2020 年 11 月 12 日,习总书记在浦东开发开放 30 周年庆祝大会上的讲话中指出:"人民城市人民建、人民城市为人民。城市是人集中生活的地方,城市建设必须把让人民宜居安居放在首位,把最好的资源留给人民。要坚持广大人民群众在城市建设和发展中的主体地位,探索具有中国特色、体现时代特征、彰显我国社会主义制度优势的超大城市发展之路。要提高城市治理水平,推动治理手段、治理模式、治理理念创新,加快建设智慧城市,率先构建经济治理、社会治理、城市治理统筹推进和有机衔接的治理体系。"最高领导人对中国特色超大城市建设智慧城市目标的期许,将会推进城市数字化全面转型更好地开展,为更高水平智慧城市的建设奠定良好基础,让上海早日成为具有世界影响力的国际数字之都,也让全国其他把"数字孪生"作为发展追求的城市早日梦想成真!

2021 年 5 月 23 日
于上海